现代生态养殖系列丛书

乌骨鸡
生态养殖

主　编◎李丽立　雷　平

副主编◎王升平　陈　勇　舒　燕　邬理洋

U0339705

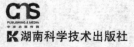

湖南科学技术出版社

前　言

　　乌骨鸡具有国外鸡种所不及的优良性状，是我国特有的珍禽，兼备药用、肉用、观赏价值，是我国的鸡种之一，闻名中外的药用家禽，国际承认的标准品种。近年来我国已大力开展对乌骨鸡品种资源的挖掘整理，对乌骨鸡的研究也体现出前所未有的发展势头。特别是由于其药用价值明显，使乌骨鸡养殖在我国已形成较大规模。我国的乌鸡在世界上享誉盛名，特别在东南亚、日本、韩国更受欢迎，每年都有大批活鸡和加工产品销往这些地区。目前在广州、福建、江西等省形成了大批乌骨鸡生产基地，国内外市场前景良好。

　　虽然乌骨鸡养殖效益良好，比普通肉鸡养殖利润高，销售量也会不断提升，发展前景可观。但投资者在决定饲养乌骨鸡之前，需要做足够的分析调研，包括乌骨鸡鸡舍建设、品种选择、引种及繁育、饲养技术、饲料配制、疫病防控、销售渠道、投资规模等方面都需要进行细致的了解。随着社会和养殖行业的发展，乌骨鸡养殖的书籍也需要与之同步发展以适应市场和社会的需求。因此，特编写本书，以期对乌骨鸡投资者和养殖从业人员能具有一定的指导意义。

　　本书主要包括七个部分，涵盖乌骨鸡的生物学特征与经济性状、鸡舍的建设与设备、乌骨鸡的营养与饲料、乌骨鸡的繁育技术、乌骨鸡的饲养管理、乌骨鸡的疾病防治、乌骨鸡产品加工及利用。图文并茂，注重通俗性、可操作性。该书可供乌骨鸡投资者、养殖人员和相关科技工作者和技术人员参考。

编　者
2020 年 1 月

目　录

第一章　概　述

　　乌骨鸡是我国畜禽基因库中具有特殊经济价值的珍禽,具有外来鸡种所不及的优良性状,是我国特有的古老珍禽,兼备药用、肉用、观赏价值于一体。乌骨鸡早在元代初期《马可·波罗游记》中就有记载,表明乌骨鸡早在 700 年前就已存在,并作为滋补和药用的珍品。

　　近年来我国已大力开展对乌骨鸡品种资源的收集整理,对乌骨鸡的研究也具有一定深度。如位于我国江西省的丝毛乌骨鸡,其体形结构细致紧凑,体态小巧轻盈、头小、颈短、眼乌、脚矮、皮肉黑而羽毛银丝雪白或全黑、头顶凤冠,故有“白凤”之称。有人称之为十全禽,所谓十全,即桑冠、缨头、绿耳、胡须、五爪、毛腿、丝毛、乌皮、乌骨、乌肉。乌骨鸡不仅外形奇特美观,而且性情温驯,就巢性好,集药用、营养和观赏价值于一身,唐代药方“乌鸡白凤丸”的主要原料之一就是乌骨鸡。乌骨鸡的特性和价值使其在我国已形成较大规模的养殖。

　　乌骨鸡(又称竹丝鸡,别名乌鸡)是一种杂食家养鸟,美国把它称为光滑的矮脚鸡。乌骨鸡长得矮,有小头及短颈,而且皮肤、肌肉、骨头和大部分内脏也都是乌黑的。由于饲养的环境不同,乌骨鸡的特征也有所不同,有白羽黑骨、黑羽黑骨、黑肉黑骨、白肉黑骨等。乌骨鸡是中国特有的药用珍禽,以江西泰和所产的体形娇小玲珑的乌骨鸡最为正宗。

　　乌骨鸡原产于中国江西省泰和县武山西岩汪陂村,相传在清朝乾隆年间,泰和养鸡人涂文轩,选了几只最好的泰和鸡作为贡品献到京城。乾隆如获珍宝,赐名“武山鸡”,并且赐予涂文轩官职。

1915 年，泰和鸡以名鸡的身份，在巴拿马万国博览会上展出，受到各国的好评，被定为观赏鸡。从此，国内外就把泰和鸡作为珍贵美丽的动物在公园内展出。现在，乌骨鸡的生产基地主要分布于中国南方各省，北方有些地区亦有饲养。而最常见的乌骨鸡，遍身羽毛洁白，有"乌鸡白凤"的美称，除两翅羽毛以外，其他部位的毛都如绒丝状，头上还有一撮细毛高突蓬起，骨骼乌黑，连嘴、皮、肉都是黑色的。

在《本草纲目》中，李时珍说"乌骨鸡，有白毛乌骨者，黑毛乌骨者、斑毛乌骨者，有骨肉皆乌者、肉白乌骨者，但观鸡舌黑者，则骨肉俱乌、入药更良"。可见，在当时乌骨鸡已经并不完全相同，唯一一致的地方就是骨骼乌黑。值得一提的是，古代医学在辨别乌骨鸡优良方面，提出了"但观鸡舌黑者，则肉骨俱乌，入药更良"的方法，似乎还是突出骨色和肉色都是黑色的为佳品。

用乌骨鸡治病，是中国特有的方法。当人们发现乌骨鸡具有良好的药用价值以后，立即被广泛用来调理治病，有的将其加工制成丸剂成药，有的将其炖煮服用，成为中药和食疗的一个组成部分。相关资料载称，唐代孟诜所著的《食疗本草》书中已有用乌骨鸡治新产妇疾病的加工方法。宋代陈言所著《三因极一病证方论》一书中首先出现了治妇人百病的"乌鸡煎丸"，历代医学几经修改处方，已有较大变迁。目前，市面出售以泰和乌骨鸡为主要原料配制而成的妇科要药"乌鸡白凤丸"，曾获国家级奖，畅销国内外。

此外，盛产乌骨鸡的江西泰和县泰和酒厂，酿制了"乌鸡补酒"，被列为国家礼品酒，闻名中外。北京乌鸡精厂生产的"中华乌鸡精"，含有 17 种人体所必需的氨基酸以及多种维生素和微量元素，对于各种虚损所引起的头晕、腰痛、失眠、健忘、贫血、月经不调、身体虚弱等病症有一定的疗效。

第二章 乌骨鸡的生物学特性与经济性状

一、乌骨鸡的外貌特征

乌骨鸡体态小巧玲珑、细致紧凑、头小、颈短、腿矮，具有十大特征：

（1）丛冠：冠状似草莓型，冠齿丛生，颜色在性成熟前为暗紫色，性成熟略带红色。

（2）缨头：头顶有一丛长丝，形成毛冠又称"凤头"，雌鸡比雄鸡更明显，形如"白绒球"。

（3）绿耳：耳叶呈暗紫色，略呈孔雀蓝色，在性成熟更加鲜艳夺目，成年后，色泽逐渐变为暗绿色，雄鸡褪色较快。

（4）胡须：在鸡的下颌处，生有较细长的丝毛，雌鸡比雄鸡更为发达。

（5）五爪：每只脚有五趾，在鸡的后趾基部多生一趾。

（6）丝毛：全身羽毛呈绒丝状，洁白光滑，只有主翼羽和尾羽的基部还有少量的扁毛。一般翼羽较短，羽片末端常有不完全的分裂，尾羽和雄鸡镰羽不发达。

（7）毛脚：胫部和第四趾长有白色的羽毛，外侧明显。

（8）乌皮：全身皮肤及眼睑、喙、胫、趾均呈乌黑色。

（9）乌肉：全身肌肉及内脏膜及腹膜均呈乌色，但胸肌和腿肌颜色较浅。

（10）乌骨：骨膜深黑色，骨质为浅黑色。

二、乌骨鸡的品种

乌骨鸡的种类主要有丝毛乌骨鸡、金湖乌鸡、乌骨鸡、余干乌黑鸡、乌蒙乌骨鸡、沐川乌骨鸡、兴文乌骨鸡、德化黑鸡、雪峰乌骨鸡、山地乌骨鸡、盐津乌骨鸡等。

(1) 泰和乌骨鸡 (图 2-1)：泰和乌骨鸡主产于中国江西省泰和县，又名绒毛鸡、竹丝鸡、松毛鸡、纵冠鸡等，是目前国际上公认的标准品种。泰和乌骨鸡性情温驯、头小、颈短、身体结构细致紧凑、外貌艳丽。它具有乌骨鸡的十大典型特征，丛冠、缨头、绿耳、胡须、五爪、丝毛、毛脚、乌皮、乌骨、乌肉，成年鸡适应性强，幼雏抗逆性差，体质较弱。成年雄鸡

图 2-1　泰和乌骨鸡

体重 1.3～1.5 千克，成年雌鸡体重 1.0～1.25 千克，雄鸡性成熟平均日龄为 150～160 天，雌鸡开产日龄平均为 170～180 天。年产蛋 80～100 枚，最高可达 130～150 枚。雌鸡就巢性强，在自然条件下，每产 10～12 枚蛋就巢一次，每次就巢持续 15～30 天，种蛋孵化期为 21 天。在饲料条件较好的情况下，生长发育良好的个体，年就巢次数减少，且持续期也缩短。

(2) 余干乌黑鸡 (图 2-2)：余干乌黑鸡生产于江西省余干县，属药肉兼用型。余干乌黑鸡以全身乌黑而得名。全身被有黑色片状羽毛，喙、舌、冠、皮、肉、骨、内脏、脂肪、脚趾均为黑色。雄、雌均为单冠，雌鸡头清秀，羽毛紧凑；雄鸡色彩鲜艳，雄壮健俏，尾羽高翘，腿部肌肉发达。成年雄鸡体重 1.3～1.6 千克，成年雌鸡体重 0.9～1.1 千克，雄鸡性成熟在 170 日龄，雌鸡开产日

龄为 180 天，就巢性强，年产蛋为 150～160 枚，蛋重为 43～52 克，孵化期为 21 天。余干乌黑鸡除药用外，还是饮食中的美味佳肴。

（3）中国黑凤鸡（图 2-3）：黑凤鸡早在 400 多年前中国就有饲养，后来在中国濒于灭绝。从 20 世纪 80 年代起国外又相继开始培育此种鸡，但终因遗传性状不稳定，未能形成规模。90 年代，广东省从国外引入该鸡，经过几年的纯种繁育，目前合格率已达 90% 以上。该鸡抗病力强，食性广杂，生长快。成年雄鸡体重 1.25～1.5 千克，成年雌鸡体重为 0.9～1.8 千克，开产日龄为 180 天，年可产蛋 140～160 枚，就巢性强。此种鸡也具备药用功能。

（4）山地乌骨鸡（图 2-4）：山地乌骨鸡生长在四川南部与滇北高原交界地区，主要分布在四川兴文、沐川及云南盐津等地，是靠自然选择形成的，属药、肉、蛋兼用的地方良种。该鸡的冠、喙、髯、舌、皮、骨、肉、内脏（含脂肪）均为乌黑。羽毛为紫蓝色黑羽居多，斑毛及白毛次之。成年雄鸡体重 2.3～3.7 千克，雌鸡 2.0～2.6 千克。

图 2-2　余干乌黑鸡

图 2-3　中国黑凤鸡

图 2-4　山地乌骨鸡

雄鸡性成熟的日龄为 120～180 天，雌鸡开产的日龄为 180～210 天，年平均产蛋 100～140 枚，就巢性强，年就巢 7 次左右。由于该种鸡体形大，人们喜欢食用，而且它属高蛋白、低脂肪食品，一般人们用来滋补、保健、延年益寿之用。现已开发出"益寿乌骨鸡精品""乌鸡八宝粥"等。

（5）江山乌骨鸡（图 2-5）：江山乌骨鸡，体形中等，呈三角形。全身羽毛洁白，单冠直立，肉髯发达，耳垂雀绿色，胫部多数有毛，四趾一距。成年公鸡体重为 1.8～2.2 千克，母鸡为 1.4～1.8 千克。按羽毛生长方式的不同，可分平羽和反羽两个类型，以平羽型占多数。平羽型全身羽毛平直紧贴，体态清秀灵巧，

图 2-5　江山乌骨鸡

公鸡尾羽不够发达，母鸡尾羽上翘。反羽型全身羽毛沿轴向外、向上或向前反生或卷曲，主翼羽粗硬无光泽而末端重叠，鞍羽卷曲成菊花瓣状。趾部多数有毛，具四趾。

（6）雪峰乌骨鸡（图 2-6）：雪峰乌骨鸡体形中等，身躯稍长，体质结实，乌皮、乌肉、乌骨、乌喙，乌脚"五乌"特征，皮、肉、骨膜、喙、脚及内脏全为黑色。羽毛富有光泽，紧贴于身体，身躯稍长，呈月牙型，头大小适中，眼睛明亮有神。毛色有全白色、全黑色及黄麻色三种。单冠呈紫红色，耳叶为绿色，虹彩棕色。脚趾为 4 趾，胫细，中长，多无胫毛。成年公鸡后尾上翘呈扇形，6 月龄成年公鸡平均体重为 1.5 千克，母鸡 1.3 千克，母鸡开产日龄为 156～250 天，公鸡开啼日龄平均为 153 天。500 日龄平均产蛋 95 枚，平均蛋重 46 克，蛋壳多为淡棕色，也有白色。

图 2-6　雪峰乌骨鸡

三、乌骨鸡的营养价值

乌骨鸡肉质乌黑细嫩、鲜美爽口、营养丰富，对人体具有特殊的滋补功能。据分析，乌骨鸡中含有丰富的人体所需的营养成分，其中蛋白质、微量元素以及 γ-球蛋白、血小板、血清酶类等的含量均高于普通鸡；此外还具增加血细胞和血红素、调节生理功能、增强机体免疫力以及抗衰老等多种功能。乌骨鸡鸡蛋具有蛋形标准、蛋壳质量好，熟蛋率、蛋黄比例高等特点，且其胆固醇含量比普通鸡低 10.94%，并能富集人体所必需的微量元素锌和硒。因此，可通过改变饲料经生物转化途径来生产乌骨鸡保健鸡蛋。以哈氏单位衡量，乌骨鸡鸡蛋品质均在特一级以上，与普通鸡种比较，乌骨鸡蛋黄比例较高，蛋白较少，说明乌骨鸡蛋内脂肪较高，单位重量的氨基酸含量丰富，营养价值高。

四、乌骨鸡的药用价值

明李时珍《本草纲目·禽二·鸡》："乌骨鸡，有白毛乌骨者，黑毛乌骨者，斑毛乌骨者，有骨肉皆乌者，肉白乌骨者。但观鸡舌黑者，则骨肉俱乌，入药更良……肝肾血分之病宜用之。男用雌，女用雄。"郭沫若《李白与杜甫·杜甫的地主生活》："杜甫还养了将近一百只可以治风湿病的乌骨鸡。"

自古以来，乌骨鸡在中国就是传统的名贵中药材，其全身均可入药，骨、肉及内脏均有较高的药用价值，可以配制成多种成药和方剂利用。如乌骨鸡的骨、肉可补虚劳、治消渴，特别适用于产妇恢复身体；其肝具有补血益气、帮助消化的作用，对肝虚目暗、妇人胎漏以及贫血等症有效；其血有祛风活血、通经活络的作用，可治疗小儿惊风、口面㖞斜、痈疽疮癣等；其胆有消炎解毒、止咳祛痰和清肝明目的作用，主治小儿百日咳、慢性支气管炎、小儿菌痢、耳后湿疮、痔疮、目赤多泪等；鸡内金具有消食化积、涩精缩尿等功效，可治疗消化不良、反胃呕吐、遗精遗尿等；其脑可治小儿癫痫及难产；鸡嗉可治噎膈、小便失禁、发育不良等。

乌骨鸡鸡蛋除营养丰富，可供食用外，其药用功效也十分明显。如蛋清有润肺利咽，清热解毒功效，可治目赤、咽痛、咳嗽、痈肿热痛等；蛋黄有滋阴润燥、养血熄风、杀虫解毒等作用，可治心烦不眠、虚劳、吐血、消化不良、腹泻等；蛋壳有降逆止痉作用，可治反胃、饱胀胃痛、小儿佝偻病等。

乌骨鸡肉经烹调后不仅肉质细嫩鲜美，成为人们日常餐桌上的一道美味，而且汤汁中还含有大量的黑色胶体物质，对人体具有特殊的滋补作用。据测定，乌骨鸡肉中所含20余种氨基酸中的8种人体必需氨基酸含量均高于其他鸡种，如赖氨酸、缬氨酸等；乌骨鸡肉中还含有丰富的维生素以及铁、铜、锌等多种微量元素，而且胆固醇含量较低，食用后能增加人体血红素，调节人体生理功能，增强机体免疫力，特别适合老人、儿童、产妇及久病体弱者食用。

目前，以乌骨鸡为原料开发研制的中成药和保健食品多达数十种，如著名的妇科良药"乌鸡白凤丸"就是以乌骨鸡为主要原料制成的；还有参茸白凤九、乌鸡调经丸、乌鸡天麻酒、乌鸡饼干、乌鸡营养面等。

乌骨鸡除具有特殊的药食功效外，还是其他医药相关工业的重要原料，如鸡蛋可用来制造蛋白银、鞣酸蛋白，提取卵磷脂和制造各种生物药品；屠宰鸡后的下脚料可综合利用，如胆汁可以提炼鸡胆盐作为生物试剂使用，卵巢可以制造卵巢粉和雌性激素。此外，鸡的羽绒也是纺织工业的原料，鸡粪可制作饲料和肥料循环利用。

在疗效方面：

①虚劳客热，肌肉消瘦，四肢倦怠，五心烦热，咽干颊赤，心怯潮热，盗汗减食，咳嗽脓血：人参、黄芪、柴胡、前胡、黄连、黄柏、当归、白茯苓、熟地黄、生地黄、白芍、五味子、知母、贝母、川芎、白术各五钱。上为粗末，用雄鸡乌骨者，重 1 千克以上一只，须新生肥壮者，去毛、血洗净，入前药在肚，以线缝定，用好腊酒入锅中，放鸡在内，酒约过鸡背上 3.33 厘米为度，肠脏放在鸡外，同煮极烂，拆开，同药晒干，研为细末，用原汁打蒸饼糊为丸，如梧桐子大。每服一百粒，空心，食前，米汤或沸汤送下。（《杏苑生春》乌鸡丸）

②治噤口痢，因涩药太过伤胃，闻食口闭，四肢逆冷：乌骨鸡一只，去毛、肠，用茴香、良姜、红豆、陈皮、白姜、花椒、盐，同煮熟烂。以鸡令患者嗅之，使闻香气，如欲食，令饮食汁内，使胃气开。亦可治久痢。（《普济方》乌鸡煎）

③治脾虚滑泄：乌骨母鸡一只，治净。用豆蔻 50 克，草果 2 枚，烧存性，掺入鸡腹内，扎定煮熟。空腹食之。（《本草纲目》）

五、丝羽乌骨鸡的观赏价值

丝羽乌骨鸡娇小玲珑、体态清秀、外貌奇特俊俏，可谓观赏珍禽。1915 年荣膺巴拿马国际家禽博览会金奖，被命名为"世界观赏鸡"，名扬全世界，1974 年被列为国际标准品种。1988 年又在日本名古屋市召开的第 18 届家禽会议暨博览会上展出，因其体形优美，羽毛洁白如絮而博得群众赞赏。目前在日本及国内一些大中城市公园中均有饲养，被视为"禽中明珠"，深受各国人们喜爱，其观赏价值是不言而喻的。

第三章 鸡舍的建设与设备

鸡舍是饲养乌骨鸡的重要设施。科学合理地规划、设计、建造鸡舍，有利于饲养管理和防疫工作的顺利进行，可以提高乌骨鸡的生产性能和劳动生产率，而降低养鸡的成本，增加经济效益。

家庭少量饲养，可因地制宜利用闲置房、偏房、柴房或在屋顶搭棚，开展圈养或笼养。但要扩大饲养规模，向产业化养鸡过渡，就必须全面考虑场址选择与总体布局、鸡舍类型与特点以及养鸡设备的配置。现将饲养乌骨鸡的鸡舍与设备要求分述如下。

一、场址的选择与布局

（一）场址的选择原则

鸡舍场址选择对于鸡场基础设施投资，乌骨鸡群生产性能的发挥，疫病防治工作的实施，周围环境的净化以及生产规模的扩大等方面都有不同程度的影响。因此，选择适合的场址建造，是养殖中不可忽视的环节，应根据当地资源分布情况及综合条件，在调查研究与综合分析的基础上，针对下列主要因素，慎重进行选择。

1. 地理位置：场址要求交通方便，道路平坦，但不可离公路主干道太近，至少要距离 400 米，距离次要公路 100 米以上。要求鸡场周围环境安静，远离居民住宅区和噪声大的工厂及娱乐场所。鸡场还必须远离化工厂、屠宰场和医院，以利于卫生防疫。

2. 地势地形：要求地势高燥，背风向阳，面朝南或东南方向。最好有一定坡度，以利光照、通风和排水，但地面不宜有陡坡。不宜在低洼潮湿处建场，否则鸡群易发生疫病，也不宜建在山顶或高坡上，否则风大不易保温。此外，基建用地力求地势平坦，以尽量减少线路与管道铺设的工程量。尽量不占或少占耕地。可在果园或经济林地内建场（后文详述），使种养结合，相得益彰。

3. 土质：以含石灰质的壤土或沙壤土为好。这类土质能保持鸡舍内外干燥，雨后能及时排出积水。避免在黏质土地上修建鸡舍。在靠近山地、丘陵处建造鸡舍时，应注意防止山洪侵入。除土质良好外，还要求地下水位低。

4. 水源：鸡场用水量较大，要考虑水量充沛和水质良好。水源最好是地下水，水质清洁，符合饮用水卫生要求。如没有自来水，要打井取水，对其水质进行化验，合格方能使用。未经消毒的河水不能供鸡饮用。

5. 光照：充足的阳光对于鸡舍保温、节省能源、提高产蛋率和鸡群健康水平均有良好作用。

6. 电源：大中型鸡场的种蛋孵化、育雏、照明、饲料加工都要用电，在经常停电的地区，鸡场应自备发电机，以保证生产的正常运行。

（二）鸡场的分区与布局

1. 鸡场区域划分

一般将鸡场分为管理区、生产区、隔离区及粪污处理区四个区，各区有各自布局的要求。

（1）管理区

管理区包括办公室、宿舍、化验室、车库和仓库（饲料仓库除外）等建筑。要求既与外界联系方便，又与生产区联系方便，设置在交通方便、地势干燥的上风处。管理区与生产区要严格隔离开，间距100米以上，严禁外来人员随意进入生产区。

（2）生产区

生产区是鸡场的核心，包括鸡舍、饲料间等建筑。生产区地势应低于管理区或处于其下风向，周围有围墙或其他屏障隔离，为保证防疫安全，鸡舍的布局应根据主风向与地势，按孵化室、幼雏舍、中雏舍、后备鸡舍、成鸡舍的顺序配置。即孵化室在上风向，成鸡舍在下风向，这样能使幼雏舍得到新鲜的空气，减少发病概率，同时也能避免由成鸡舍排出的污浊空气造成疫情传播。

育雏区（或分场）与成鸡区应有一定的距离，在有条件时，最好另设分场，专养幼雏，以防交叉感染。综合养鸡场两群雏鸡舍功能相同、设备相同时，可放在同一区域内培育，做到全进全出。由于种雏和商品雏繁育代次不同，必须分群分养，以保证鸡群的质量。

（3）隔离区

隔离区包括病鸡隔离舍及死鸡处理间等建筑。应设置在低于生产区下风向地方，与鸡舍相距 300～500 米，并有围墙或天然屏障与外界隔绝，设小门进出。病鸡隔离区的道路不与鸡舍其他区的道路交叉；要严格控制病鸡与外界的联系。

（4）粪污处理区

粪污处理区包括粪污池与贮粪场等建设，应规划设置在远离管理区、低于生产区下风向的地方。粪污处理区应有倾斜度，使粪污不倒流入生产区。粪污池应加盖，防止粪污外溢和散发不良气味。贮粪场应保证在堆放期间不造成对周围环境的污染及孳生蚊蝇。

2. 生产区建筑物的布局

（1）鸡舍朝向

鸡舍位置坐北朝南，或稍偏西南、东南较为适宜。冬季阳光直射或斜射入鸡舍内，有利于鸡舍的保温取暖；夏季阳光直射，太阳高度角大，南向鸡舍阳光直射入鸡舍少，有利于防暑。

（2）鸡舍间距

鸡舍间距指两栋鸡舍之间的距离。原则上应使南排鸡舍在冬季不遮挡北排鸡舍的日照，具体计算时一般以保证在冬至日 9～15 时这 6 小时内，北排鸡舍南墙有满日照。有关数据表明，距鸡舍排风口 10 米处，每立方米空气中细菌含量在 4000 个以上，而 20～30

米处为 800～500 个，减少 80％～87.5％。因此，一般防疫要求鸡舍的间距是檐高的 3～5 倍（15～20 米），开放式鸡舍应为 5 倍，密闭式鸡舍应为 3 倍。

3. 场内道路与环境绿化

严格来说，大鸡场内的道路应设有专用线，即运送饲料、种蛋、种鸡、生产设施及产品的净道要与运送粪便、垃圾、死鸡的污道分开，不能混用或交叉，以利卫生防疫。在生产区与管理区、生活区之间应建一条 10～20 米宽的绿化带，在鸡场的西北面建立防风林带，在各幢鸡舍之间应种植 1～2 行常绿乔木或果树，以调节小区气候，减少紫外线辐射，美化鸡场环境。

（三）鸡舍建筑设计

1. 鸡舍建筑的基本要求

（1）保温及防暑

鸡个体较小，但其新陈代谢旺盛，体温也比一般家畜高。因此，鸡舍温度要适宜，不可骤变。尤其是 1 日龄至 4 周龄的雏鸡，由于调节体温和适应低温的功能不健全，在育雏期间受冷、受热或过度拥挤，常易引起大批死亡。

1 日龄至 4 周龄雏鸡的适宜温度为 21℃～35℃。夜间停止光照后，要提高舍温 1℃～2℃。各种乌骨鸡种鸡产蛋的适宜温度一般为 13℃～25℃。温度超过 28℃ 以上时，鸡的产蛋量、蛋重、饲料转化比及蛋壳厚度均下降；29℃ 以上时，产蛋率下降，鸡因受热而变得衰弱；舍温超过 35℃，种鸡可能发生中暑，甚至死亡；温度低至 −9℃时，鸡冠开始冻伤。青年鸡舍一般认为适宜温度在 21℃～25℃。

（2）通风

鸡舍规模无论大小，都必须保持空气新鲜，通风良好。由于鸡的新陈代谢旺盛，每千克体重所消耗的氧气量是其他动物的 2 倍，所以必须根据鸡舍的饲养密度，相应增加空气的供应量。尤其是在饲养密度过大的鸡舍中，如果通风不良，氨、二氧化碳及硫化氢等有害气体迅速增加，这些有害气体会由气囊侵入鸡体内部，影响身体的发育和产蛋，并能引起许多疾病。

鸡舍内保持适当通风换气量及气流速度的主要作用：一是控制舍温；二是有利于鸡体散热；三是排出鸡体呼出和排泄的水分；四是清除有害气体，维持空气新鲜。一般鸡舍可采用自然通风换气方式，利用窗户作为通风口。如鸡舍跨度较大，可在屋顶安装通风管，管下部安装通风控制闸门，通过调节窗户及闸门开启的大小来控制通风换气量。密闭式鸡舍须用风机进行强制通风，其所起的换气、排湿、降温等作用更为显著和必要。

（3）光照充足

光照分为自然光照和人工光照。自然光照主要对开放式鸡舍而言，充足的阳光照射，特别是冬季，可使鸡舍温暖、干燥和消灭病原微生物等。因此，利用自然采光的鸡舍首先要选择好鸡舍的方位，朝南向阳较好。其次，窗户的面积大小也要适当，乌骨鸡种鸡鸡舍窗户与地面面积之比以 1：5 为好，肉用仔鸡舍则相对小一些。

2. 鸡舍的建筑形式

建筑鸡舍应适合本地区的气候条件，要科学合理，因地制宜，就地取材，降低造价，节省能源，节约资金。根据农村实际情况，专业户迫切需要了解一些适于集约饲养的、经济实用的新型简易鸡舍建筑的设计方案。以下是几种常见形式。

（1）组合式自然通风笼养种鸡舍

这种鸡舍采用金属或木制框架，夹层纤维板块组合而成（图3-1）。吊装顶棚，水泥地面。鸡舍南北墙上部全部敞开无窗扇，形成与鸡舍长轴同样长的窗洞，下部为同样长的出口。粪洞口冷天封闭，上下部孔洞之间设有侧壁护板，窗洞以复合塑料编织布做成内外双层卷帘，以卷帘的启闭大小调节舍内气温和通风换气。

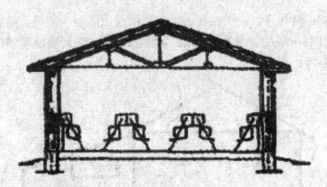

图 3-1 组合式自然通风笼养种鸡舍

（2）敞开式无窗鸡舍

该鸡舍为砖瓦结构，木制框架，石棉瓦做屋面，石棉板吊顶，砖铺地面（图 3-2）。南北墙上部与舍长轴等长，敞开无窗，下部设进、出风洞。敞开部分采用复合塑料编织布做卷帘。地面或网上饲养乌骨鸡肉鸡或种鸡。

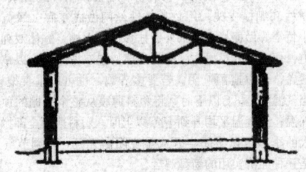

图 3-2 敞开式无窗鸡舍

（3）舍棚连接简易鸡舍

该鸡舍系鸡舍与塑料棚连接组合而成（图 3-3）。结构简单，取材容易，投资少，较实用，每平方米可养乌骨鸡肉鸡 7～9 只。

晚间鸡进舍休息，白天在棚内采食、饮水、活动。该鸡舍的突出特点是有利于寒冷季节防寒保温。饲养 200～500 只规模肉鸡的专业户可参考运用。

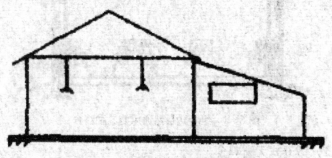

图 3-3 舍棚连接简易鸡舍

（4）笼养结合式塑料鸡棚

该鸡舍将简易鸡笼同鸡棚连接成为一体，寒冷季节采用塑料薄膜覆盖（图 3-4）。它以角铁、钢筋混凝土预制柱或砖墩、木桩、竹竿做立柱和绷横支架，用竹片或铁丝网做成笼底（像兔笼底），铁丝或小竹竿等做栅栏，底部外侧挂食槽、水槽。笼体双列，中间为人行道，便于饲养员操作。笼的上部架起双坡屋顶，以草和泥或石棉板覆盖，借以避雨遮阴。若要多养鸡，也可以垂直架设 2～3 层笼。当气温降至 8℃ 以下时，将塑料薄膜从整个鸡棚的顶部向下罩住以保温；当气温平均升到 18℃ 以上时，塑料薄膜全部掀开；在温差较大的季节可以半闭半开或早晚闭白天开，以调节气温和通风，这是一种经济实用的新型鸡舍。

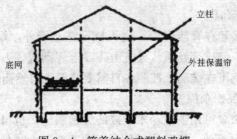

图 3-4　笼养结合式塑料鸡棚

二、饲养常用设备

（一）保温设备

1. 壁炉保温

冬季及早春季节，天气寒冷，温度低，大群饲养可用壁炉保温。保温性能良好的育雏舍每 15～20 平方米放 1 个炉子（图 3-5），一昼夜用 6～8 个煤球，每 3～4 小时换加一个。壁炉可在各地日杂公司购买。

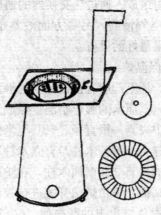

图 3-5　壁炉

2. 火炕保温

将炕直接建在育雏舍内，烧火口设在北墙外，烟囱在南墙外，要高出屋顶，使排烟畅通。火炕由砖或土坯砌成，一般可使整个炕面温暖，雏鸡可在炕面上按照各自需要的温度自然而均匀地分布。

3. 电热保姆伞保温

电热保姆伞可用铁皮、木板或纤维板制成，也可用钢筋管架和布料制成，内面加一层隔热材料。伞的下部用电热丝、电热板或远红外线灯加热，外加一个控温装置，可根据需要按事先设定的温度范围自动控制温度。每个 2 米直径的伞面可育 500 只雏鸡。伞的下缘要留 10~12 厘米的空隙，让雏鸡自由进出。离保姆伞周围约 40 厘米高处加 20~30 厘米高的围篱，防止雏鸡离开保姆伞而受冻，7 天以后取走围篱。冬天使用电热保姆伞育雏，需用壁炉增加一定的舍温。

4. 暖风机保温

暖风机主要由进风道、热交换器、轴流风机、混合箱、供热恒温控制装置、主风道组成。通过热交换器的通风供暖方式，一方面使舍内温度均匀，空气清新，另一方面效益也不错，节能效果显著，是目前供暖效果最好的设备。

5. 土制锯木屑保温炉

取汽油桶 1 个，桶上部应有铁板制成的平面炉盖，接烟管至鸡舍外，下部挖一 8~10 厘米的圆形小洞，做成炉门。使用时，在自制锯木屑保温炉内中央立一根直径 8~10 厘米的圆木柱，同时在灶炉门口横插一根同样大小的圆木柱与直立木柱相接，然后在炉内装满锯木屑，稍压紧抽出直立和横插木柱，在炉门口点燃锯木屑，便可升温。舍内温度高低，可由炉门开关进行控制。此法是广大养鸡户在生产实践中摸索总结出来的既简便，又经济实用的保温方法，效果很好，比用电热保姆伞节约成本 2~3 倍。

（二）给料设备

1. 雏鸡喂料盘

主要供开食及育雏早期（0～2周龄）使用。市场上销售的优质塑料制成的雏鸡喂料盘有圆形和方形两种，每只喂料盘可供80～100只雏鸡使用。

2. 饲料桶

供2周龄以后的仔鸡或大鸡使用。饲料桶由一个可以悬吊的无底圆桶和一个直径比桶略大些的浅圆盘所组成，桶与盘之间用短链相连，并可调节桶与盘之间的距离（图3-6）。圆桶内能放较多的饲料，饲料可通过圆桶下缘与底盘之间的间隙自动流进底盘内供鸡采食。目前市场上销售的饲料桶规格为4～10千克不等。这种饲料桶适用于地面垫料平养或网上平养。饲料桶应随着鸡体的生长而提

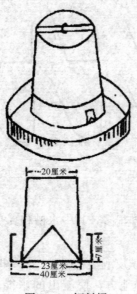

图3-6　饲料桶

高悬挂的高度。饲料桶圆盘上缘的高度与鸡站立时的肩高相平就可。料盘的高度过低时，因鸡挑食而溢出饲料，造成浪费；料盘过高，则影响鸡的采食，影响生长。

3. 长形食槽

长形食槽由木制、竹制、铁皮制作及塑料板等材料制作。所有食槽边口都应向内弯曲，呈倒梯形和倒三角形（图3-7），上宽下窄，以防止鸡采食时将饲料溢出槽外。根据鸡体大小不同，食槽的高和宽有差别，雏鸡食槽的口宽10厘米左右，槽高5～6厘米，底宽5～7厘米；大雏或成鸡食槽的口宽20厘米左右，槽高10～15厘米，底宽10～15厘米，长1～1.5米。

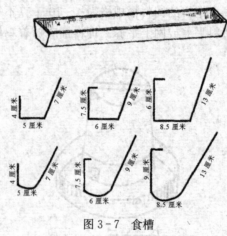

图3-7　食槽

（三）饮水设备

饮水器品种及式样很多，其中水槽和真空饮水器较为常见。

1. 水槽

水槽一般由镀锌铁皮或塑料制成。平养时长度1米较适当。水槽宜安放在靠墙边的地方，使溢出的水能通过墙角出水孔流出墙外。

2. 真空饮水器

真空饮水器是利用水压密封真空的原理（图3-8），使饮水盘中保持一定水位，大部分水贮存在饮水器的贮水桶。

真空饮水器中，鸡饮水后水位降低，饮水器内的清水能自动补偿。饮水器盘下有注水孔，装水时拧下盖，清洗后装水，将盖子盖上翻转过来，水就从盘上桶边的注水孔流出直至淹没了小孔，桶里的水就不再对外流了。鸡喝多少就流出多少，保持水平面，直至饮水用光为止。目前市场上销售的真空饮水器型号较多，有2千克、2.5千克、3千克、4千克、5千克等。2千克和2.5千克的饮水器适用于3周龄以内的雏鸡用，大于3千克的饮水器适用于3周龄以上的仔鸡、育成鸡及种鸡用。

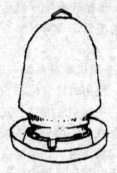

图3-8　真空饮水器

（四）降温设备

鸡舍温度在18℃～28℃为肉鸡生长和种鸡产蛋最适宜的环境温度，超过28℃肉鸡生长受阻，种鸡产蛋量下降，甚至发生中暑死亡。每年夏季在高温来临之前应该做好防暑降温的准备工作。鸡舍降温设备主要有以下几种：

1. 吊扇和圆周扇

吊扇和圆周扇置于顶棚或墙内侧壁上，用时将空气直接吹向鸡体，从而在鸡只附近增加气流速度，促进了蒸发散热。吊扇与圆周扇一般作为自然通风鸡舍的辅助设备，安装位置与数量视鸡舍情况和饲养数量而定。

2. 轴流式风机

这种风机所吸入和送出的空气流向与风机叶片轴的方向平行。轴流式风机的特点：叶片旋转方向可以逆转，旋转方向改变，气流方向随之改变，而通风量不减少。轴流式风机有多种型号，可在鸡舍的任何地方安装。轴流式风机主要由叶轮、集风器、箱体、十字架、护网、百叶窗和电机组成。

3. 湿帘-风机降温系统

湿帘-风机降温系统由 IB 型纸质波纹多孔湿垫、低压大流量节能风机、水循环系统（包括水泵、供回水管路、水池、喷水管、滤污网、溢流管、泄水管、回水拦污网、浮球阀等）及控制装置组成。

湿帘-风机降温系统一般在密闭式鸡舍里使用，卷帘鸡舍也可以使用，使用时将双层卷帘拉下，使敞开式鸡舍变成密封式鸡舍。在操作间一端南北墙壁上安装湿帘、水循环冷却控制系统，在另一端墙壁上或两侧墙壁上安装风机。湿帘-风机启动后，整个鸡舍内形成纵向负压通风，经湿帘过滤后冷空气不断进入鸡舍，鸡舍内的热空气不断被风机带出，可降低鸡舍温度3℃～6℃，这种防暑降温方式效果比较理想。

4. 自动喷雾降温设备

它是由泵组、水箱、过滤器、输水管、喷头组件、管路及自动控制器组成。一套喷雾降温设备可安装 3 列并联 150 米长的喷雾管路。按一定间距安装喷头，喷头为旋芯式，喷孔直径 0.55～0.6 毫米，雾粒直径在 100 微米以下。当鸡舍温度高于设定温度时，温度传感器将信号传给控制装置，自动接通电路，驱动水泵，水流被加压到 275 千帕时，经过滤器进入舍内管路，喷头开始喷雾，喷雾 2

分钟后间歇 15～20 分钟再喷雾 2 分钟，如此循环。在舍内相对湿度为 70％时，舍温可降低 3℃～4℃。

（五）消毒设备

1. 火焰消毒器

火焰消毒器主要用于鸡群淘汰后喷烧舍内笼网和墙壁上的羽尾、鸡粪等残存物，以烧死附着的病原微生物，尤其是鸡羽毛上的马立克病毒。火焰消毒器由手压式喷雾器、输油管、喷火器、火焰喷嘴等组成。喷嘴可更换，使用的燃油是煤油或柴油。工作原理是把一定压力的燃油雾化并燃烧产生喷射火焰，靠火焰高温灼烧消毒部位。这种设备结构简单，易操作，安全可靠，消毒效果好，操作过程中要注意防火，最好戴防护眼镜。

2. 自动喷雾消毒器

自动喷雾消毒器可用于鸡舍内部的大面积消毒，也可作为生产区人员和车辆设施的消毒。用于鸡舍内的固定喷雾消毒（带鸡消毒）时，可沿每列笼上部（距笼顶不少于 1 米）装设水管，每隔一定距离装设一个喷头。用于车辆消毒时可在不同位置设置多个喷头，以便对车辆进行彻底的消毒。这套设备的主要零部件包括固定式水管和喷头、压缩泵、药液桶等。工作时将药液配制好，使药液桶与压缩泵接通，待药液所受压力达到预定值时，开启阀门，各路喷头即可同时喷出。

3. 高压冲洗消毒器

用于栏舍墙壁、地面和设备的冲洗消毒。由小车、药桶、加压泵、水管和高压喷枪等组成。高压喷枪的喷头通过旋转可调节水雾粒度的大小。粒度大时可形成水柱，具有很大的压力和冲力，能将笼具和墙壁上的灰尘、粪便等冲刷掉。粒度小时可形成雾状，加消毒药物则可起到消毒作用。气温高时还可用于喷雾降温。

此外还有畜禽专用气动喷雾消毒器，跟普通喷雾器的工作原理一样，人工打气加压，使消毒液雾化并以一定压力喷射出来。适用于小范围喷雾消毒。

（六）其他设备

1. 断喙器

电动断喙器（图 3-9）操作方便，刀片上有大、中、小 3 个孔。插上电源，开启旋转开关，从 1 转到 6 达到最大功率，温度达到 600℃～800℃，刀片烧红。断喙时，将待切部位伸入所需的切喙孔内，按压一下，所需断喙的部分被灼热的刀片孔口边缘切去，将喙轻轻在烧热的刀片上按一下，起消毒与止血的作用。同类型的还有手提断喙器（图 3-10）。断喙器是种鸡场必须购置的专用工具。断喙是减少种鸡育成期和产蛋期啄癖发生的有效措施。

图 3-9　电动断喙器　　　　　图 3-10　手提断喙器

2. 光照控制器

饲养乌骨鸡种鸡的鸡舍必须增加人工光照。一幢鸡舍安装 1 台自动光照控制器，这样既方便又准时，使用期间要经常检查定时钟的准确性。定时钟一般是由电池供电，定时钟走慢时表明电池电力不足，应及时更换新电池。

3. 产蛋箱

饲养肉用种鸡采用两层式产蛋箱（图 3-11），每 4～5 只母鸡提供 1 个箱位。上层的踏板距离地面高度以不超过 60 厘米为宜，过高鸡不易跳上，而且容易造成排卵落下腹腔。每个产蛋箱大约宽 30 厘米，高 20 厘米，深 36 厘米。在产蛋箱前面有一高 6～8 厘米的边沿，用以防止产蛋箱内的垫料落出。产蛋箱的两侧及背面可采用栅条形式，以保持产蛋箱内空气流通和有利于散热。产蛋箱前上、下层均设脚踏板，箱内一般放垫料（草或木屑），垫料与粪便容易相混，需及时清理，要增加每天捡蛋次数，防止蛋受污染。

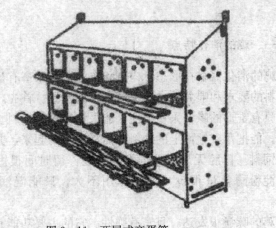

图 3-11　两层式产蛋箱

第四章　乌骨鸡的营养与饲料

一、鸡的消化特点

鸡的消化器官在形态、构造和作用上与家畜有显著不同，因此对饲料的要求和喂养技术与家畜有很大差异。首先，鸡没有软的嘴唇，只有锥形的喙，采食方便，能采食细碎的饲料。喙有时相当于铁钩，能把落在地面上的饲料轻而易举地衔起来，并且能断裂较大块的饲料。口腔无牙齿，饲料在口腔停留时间很短。唾液腺不发达，淀粉酶含量很少，消化作用不大，只能湿润饲料，以便于吞咽。

鸡的嗉囊很发达，且富有弹性。它的主要功能是贮存食物，嗉囊分泌液没有消化作用，主要起软化饲料的作用，并且根据胃的需要有节奏地把食物送进胃里。

鸡有一种特殊消化器官——肌胃，俗称"砂囊"或"鸡肫"。肌胃的主体由两片厚实的相对立的侧肌构成，侧肌的末端连接到中央腱膜和两片薄的前后中间肌。

肌胃的肌肉发达，收缩力强，内有一层很坚韧的角质膜，胃内常混有大量沙石，用来代替牙齿磨碎饲料，相当于一盘精制的"小石磨"。若鸡吃不到足够的沙粒，则消化能力下降。因此，在饲养过程中应定期补喂一定量的沙粒。

鸡的小肠由十二指肠、空肠和回肠组成，除十二指肠外，小肠并不存在分界区，故统称小肠，是肠道中最长的部分。

小肠分泌淀粉酶、蛋白酶。胰腺分泌淀粉酶、蛋白酶、脂肪酶，经2根或3根胰管进入十二指肠末端。胆囊分泌胆汁，起中和酸性食糜和乳化脂肪作用，经2根胆管进入十二指肠末端。在这些消化液的共同作用下，将蛋白质分解成氨基酸，将脂肪分解成甘油和脂肪酸，将淀粉分解成单糖。然后，经小肠肠壁吸收后由血液运送到肝脏，再经肝脏的贮存、转化、过滤与解毒作用，运送到心脏，通过血液循环分配到全身组织和器官。

鸡的大肠包括2条发达的盲肠和很短的直肠。由于鸡没有消化纤维的酶，饲料中的粗纤维主要在盲肠中被微生物分解。但小肠内容物只有少量经过盲肠，并且微生物的分解能力也很有限，所以鸡对粗纤维的消化利用比家畜低得多，在饲养过程中应少喂粗饲料。

泄殖腔是大肠末端的连续部分，是消化系统、生殖系统共同汇合的空腔。

鸡的消化道短，饲料代谢快。据试验，一般成年鸡和生长鸡饲料排空只需4小时左右，停产鸡约需8小时，抱窝鸡约需12小时，所以鸡很容易饿。为了保证鸡的高产、稳产和快速生长，每天喂的次数要多，每次喂的数量要少。最好采取常备料方式，供鸡随时采食。

鸡食入饲料，必须经过消化，使其中所含的各种营养物质分解成简单的物质，以易于吸收，供鸡体新陈代谢所用。

蛋白质在胃蛋白酶和胰蛋白酶的作用下，先形成中间产物，再经肠液的消化作用最后分解为氨基酸。糖类物质在体内吸收之前，首先要分解成单糖。淀粉在唾液作用下转化成麦芽糖，然后再在麦芽糖酶的作用下分解为葡萄糖。纤维素的消化是靠肠道内微生物的发酵分解。脂肪的消化主要靠胰液中的脂肪酶，将脂肪分解成甘油和脂肪酸。胆汁也能促进脂肪的消化。

饲料中剩余的不能消化的部分，与消化液、胆汁、黏液、肠道细菌、肠脱落上皮等混合成粪便，通过泄殖腔排出体外。

二、营养需要

乌骨鸡所需的营养物质与其他动物基本相同，有 40 余种化合物或化学元素用于维持生命。归纳起来可分为六大类，详见图 4 - 1。这些营养物质对于维持鸡的生命活动、生长发育、产蛋和产肉各有不同的作用。只有当这些营养物质在数量、质量及比例上均能满足鸡的需要时，才能保持鸡体的健康，发挥其最大的生产性能。

乌骨鸡对饲料营养的需要与我国地方鸡种相似，但因其个体较小，生长速度比肉用仔鸡慢，故在配料时对营养的具体要求略有不同。根据乌骨鸡的营养需要特点，经济合理地配制饲粮是养好乌骨鸡的关键技术之。乌骨鸡需要的营养成分有蛋白质、能量、矿物质（无机盐）、维生素和水。

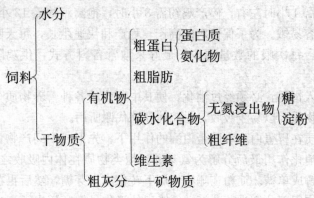

图 4 - 1　饲料中的营养物质

（一）蛋白质

1. 蛋白质的营养作用

蛋白质是生命的基础，是构成鸡肉和鸡蛋的主要原料。皮肤、羽毛、神经、血液内脏器官、激素、酶和抗体等都含有大量的蛋白质。乌骨鸡的蛋白质需要量采用"粗蛋白质"这一指标表示。粗蛋白质的需要量，采用日粮中含有的粗蛋白质的百分比来表示。

蛋白质是由氨基酸组成的。饲料中的粗蛋白质在动物消化道内被降解，最后分解成氨基酸而被肠道吸收。氨基酸分为必需氨基酸和非必需氨基酸两大类。必需氨基酸是指鸡体内不能合成或虽能合成但合成速度慢、数量少，不能满足营养需要，必须由饲料供给的一类氨基酸。已知乌骨鸡需要的必需氨基酸有 13 种，即赖氨酸、蛋氨酸、色氨酸、组氨酸、精氨酸、胱氨酸、亮氨酸、异亮氨酸、苯丙氨酸、缬氨酸、苏氨酸、酪氨酸、甘氨酸。在必需氨基酸中又可分为两类：一类在饲料中含量较多，比较容易得到满足；另一类在饲料中含量较少，不容易得到满足，故被称为限制性氨基酸，如蛋氨酸、赖氨酸、色氨酸。非必需氨基酸是指在鸡体内可以合成，不一定必须由饲料来供给的一类氨基酸。

日粮中粗蛋白质含量过低，氨基酸供应量不足，会影响乌骨鸡的生长速度，导致性成熟推迟，产蛋量下降，公鸡精液数量减少且品质降低。日粮中粗蛋白质含量过高，则会增加饲料成本，鸡不能完全消化吸收而造成浪费，还会导致新陈代谢紊乱，严重时会引起痛风症或蛋白质吸收受阻，产生中毒现象。

饲料中蛋白质的质量标准是指各种氨基酸品种齐全、数量充足，刚好达到平衡状态。如果日粮中缺乏限制性氨基酸，则其他氨基酸再多也无济于事，生产水平只能停留在缺乏限制性氨基酸的水平。所以，根据实际情况适当补充氨基酸添加剂，可以提高饲料中蛋白质的利用率，从而提高饲料的营养水平。

各种饲料的蛋白质中，氨基酸的含量是不一样的。如果将几种饲料合理搭配使用，则必需氨基酸就可以得到互相补充而趋于齐全、平衡。所以，在配合饲料时原料品种最好多样化，氨基酸利用率就会相应提高，从而提高饲料报酬，降低成本。

2. 乌骨鸡蛋白质需要量计算

（1）后备鸡（生长鸡）蛋白质需要量

①组织生长需要。鸡的机体约含18%的蛋白质，在组织生长阶段可用每日增重（克）×0.18（组织蛋白18%）÷0.61（饲料蛋白质利用率）计算生长需要量。

②维持需要。鸡的内源氮损失约为每千克体重250毫克氮。250毫克×6.25＝1562.5毫克，为每千克体重损失的蛋白质。那么每日所需维持蛋白质为：体重（克）×0.0016÷0.61。

③羽毛生长需要。鸡在3周龄时羽毛约占体重的4%，在4周龄时增至7%，此后维持相对恒定。羽毛的蛋白质含量约为82%，因此，生长羽毛每日蛋白质需要量可按下式进行计算：

羽毛百分数（0.04或0.07）×每日增重（克）×0.82（羽毛含蛋白质的百分数）÷0.61

由以上三项，我们可以计算出后备母鸡蛋白质的需要量，公式如下：

每日蛋白质需要量（克）＝〔日增重（克）×0.18＋体重（克）×0.0016＋0.07×日增重（克）×0.82〕

（2）产蛋鸡的蛋白质需要量

蛋鸡日粮蛋白质的需要量，可按下列公式计算：

粗蛋白质（克）＝〔1.1×体重（千克）＋0.12×日蛋重（克）〕÷0.8÷0.6

公式中1.1为千克体重的代谢蛋白质，0.12为每克蛋中蛋白质含量；0.8为饲料中蛋白质的消化率，0.6为饲料中消化蛋白质的利用率。

（3）日粮中蛋白质水平与能量水平

乌骨鸡的采食量受气温影响很大，在气温30℃条件下，每天的能量需要为1128.6千焦代谢能，而在寒冷的冬季非绝热的鸡舍内，每天每只鸡需要的能量可高达1588.4千焦代谢能。

乌骨鸡能以调节饲料采食量来满足对热能的需要，能量水平降低，采食量增加；反之，能量水平提高，采食量下降。所以，我们必须依照日粮中能量水平的高低调节日粮中的蛋白质水平，即我们所讲的能量蛋白比（ME/CP）。在气候炎热地区，能量蛋白比应降低约为10%。在寒冷地区，当日粮代谢能为10.88兆焦/千克时，日粮的蛋白质水平可降至15%，而在温暖气候条件下的高能日粮，蛋白质水平可高达21%。

（4）氨基酸的需要量

乌骨鸡对蛋白质的需要量实际上是对必需氨基酸和非必需氨基酸的氮的需要量。氨基酸的需要量在很大程度上取决于日粮中能量的水平。由于鸡每日只采食能满足它能量需要的饲料量，因此日粮中所需的氨基酸量及非蛋白氮量都必须是它生长与产蛋的最适宜的量。氨基酸缺乏、过多或不平衡都会降低饲料的利用率。

乌骨鸡只需要的大多数必需氨基酸都可以从饲料蛋白质中得到满足，但没有一种饲料蛋白质能完全满足鸡只氨基酸的需要量。不足之部分可利用蛋白质的互补作用原理，将饲料进行合理搭配或在饲粮中添加所缺乏的必需氨基酸。

（5）合成氨基酸在配合饲料中的应用

能量与蛋白质是家禽饲料中两类用量最大、价格最高的营养素。从我国现状看，蛋白质饲料始终处于供不应求的状态。尤其在鱼粉紧缺、豆饼价高，采用在日粮中补加鸡所需氨基酸（如蛋氨酸、赖氨酸）是降低饲料中蛋白质饲料量的有效途径。实验研究表明：在低蛋白家禽日粮中补加蛋氨酸、赖氨酸是可行的，产蛋量和蛋重不受影响，而且可以提高饲料报酬。现在许多国家的种禽公司及养鸡场已将此项成果用于生产实践。

由于鱼粉价格昂贵且质量不稳定，国内一些单位对使用无鱼粉日粮饲喂家禽做了许多工作，证明无鱼粉日粮与鱼粉日粮的饲喂效果是一致的，且降低了饲料成本。但其中必须注意的问题是：①应用人工合成的蛋氨酸、赖氨酸补足鸡体必需氨基酸的需要，并注意氨基酸的配比平衡。②使用优质豆饼、豆粕，特别要注意其中尿素酶、纤维素及水分的含量。③注意补足维生素及微量元素。

（二）碳水化合物

碳水化合物是鸡体最重要的能量来源。鸡的一切生理活动过程都需要消耗能量。能量的单位为焦耳、千焦或兆焦。

由于饲料中所含总能量不能全部被鸡所利用，必须经过消化、吸收和代谢才能释放出对鸡有效的能量。因此，实践中常用代谢能作为制定鸡的能量需要和饲养标准的指标。代谢能等于总能量减去排泄出的粪能、尿能。不同鸡品种及不同生长阶段对代谢能的需要量各不相同。

作为鸡的重要营养物质之一，碳水化合物在体内分解后，产生能量，以维持体温和供给生命活动所需要的能量，或者转变为糖原，贮存于肝脏和肌肉中，剩余的部分转化为脂肪贮存起来，使鸡长肥。当碳水化合物充足时，可以减少蛋白质的消耗，有利于鸡的正常生长和保持一定的生产性能。反之，鸡体就会分解蛋白质产生热量，以满足能量的需要，从而造成对蛋白质的浪费，影响鸡的生长和产蛋。当然，饲料中碳水化合物也不能过多，避免使鸡生长过肥，影响产蛋。

碳水化合物广泛存在于植物性饲料中，动物性饲料中含量很少。碳水化合物可分为无氮浸出物和粗纤维两类。

无氮浸出物又称可溶性碳水化合物，包括淀粉和糖分，在谷物、块根、块茎中含量丰富，比较容易被消化吸收，营养价值较高，是鸡的热能和肥育的主要营养来源。

粗纤维又称难溶性碳水化合物，其主要成分是纤维素、半纤维素和木质素，通常在秸秆和秕壳中含量最多。纤维素通过消化最后被分解成单糖（葡萄糖）供鸡吸收利用。碳水化合物中的粗纤维是较难消化吸收的，如日粮中粗纤维含量过高，会加快食物通过消化道的速度，也严重影响对其他营养物质的消化吸收，所以日粮中粗纤维的含量应有所限制。但适量的粗纤维可以改善日粮结构，增加日粮体积，使肠道中食糜有一定的空间，还可刺激胃肠蠕动，有利于酶的消化作用，并可防止发生啄癖。但一般认为，鸡消化粗纤维能力较弱，所以鸡的日粮中粗纤维含量以 3%～4% 为宜，不宜过高。

乌骨鸡对碳水化合物的需要量，根据年龄、用途和生产性能而定。一般来说，肥育鸡和淘汰鸡应加喂碳水化合物饲料，以加速肥育。雏鸡和留作种用的青年鸡，不宜喂给过多的碳水化合物，避免过早肥育，影响正常生长和产蛋。

（三）脂肪

脂肪是鸡体细胞和蛋的重要组成原料，肌肉、皮肤、内脏、血液等一切体组织中都含有脂肪，脂肪在蛋内约占 11.2%。脂肪产热量为等量碳水化合物或蛋白质的 2.25 倍。因此，它不仅是提供能量的原料，也是鸡体内贮存能量的最佳形式。鸡将剩余的脂肪和碳水化合物转化为体脂肪，贮存于皮下、肌肉、肠系膜间和肾的周围，能起保护内脏器官，防止体热散发的作用。在营养缺乏和产蛋时，体脂肪分解产生热量，补充能量的需要，也是脂溶性维生素的溶剂，维生素 A、维生素 D、维生素 E、维生素 K 都必须溶解于脂肪中，才能被鸡体吸收利用。

当日粮中脂肪不足时，会影响脂溶性维生素的吸收，导致生长迟缓，性成熟推迟，产蛋量下降。但日粮中脂肪过多，也会引起食欲不振，消化不良和腹泻。由于一般饲料中都有一定数量的粗脂肪，而且碳水化合物也有一部分在体内转化为脂肪，因此一般不会缺乏，不必专门给予补充。否则，鸡过肥会影响繁殖性能。

值得注意的是碳水化合物和脂肪都能为鸡体提供大量的代谢能，而生产实践中往往存在对鸡的能量需要量重视不够的现象，尤其是忽视能量与蛋白质的比例及能量与其他营养素之间的相互关系。

能量是乌骨鸡生命活动和物质代谢所必需的营养物质。鸡的一切生理过程如采食、消化、吸收、排泄、运动、呼吸、循环、维持体温、繁殖、羽毛生长、产蛋、体重增加等，都需要能量。在乌骨鸡对营养物质的需要量中，能量所占的比重最大。能量来源于饲料中的三大有机物即碳水化合物、脂肪、蛋白质，而最主要的来源是碳水化合物。目前，养鸡业中多用代谢能（单位：兆焦）来表示饲料的能量价值。

生产中主要根据饲料的能量来调节乌骨鸡的采食量。饲料所含能量高，采食量就少；反之，采食量就多。因此，在配合鸡的饲料时，一定要注意能量与其他营养成分的平衡。配合高能量饲料时，其他营养物质用量也应提高。

乌骨鸡代谢能的需要量与体重、产蛋率、饲养方式及气温等因素有关。体重大或增重快，需要代谢能就多；产蛋多或蛋体大，需要代谢能也多；平养鸡比笼养鸡运动量大，需要代谢能也多；气温越低维持体温需要的热能多，则需要代谢能也越多。

乌骨鸡体形小，耗料少，故比普通鸡种所需的代谢能要少。

（四）矿物质

矿物质约占乌骨鸡体重的4％，是构成骨骼、蛋壳的主要成分，有些分布于羽毛、肌肉、血液和其他软组织中，有些是维生素、激素、酶的主要成分。矿物质元素参与机体新陈代谢，调节渗透压，维持酸碱平衡，是维持正常生理功能和繁殖运动所必需的。根据矿物质元素在鸡体内含量的多少，可分为常量元素和微量元素两大类。现将主要的元素种类分述如下。

（1）常量元素

①钙和磷：它们是构成骨骼的主要成分。鸡体内99％的钙、75％～85％的磷存在于骨骼中。钙对于维持神经、肌肉、心脏的正常功能，以及调节酸碱平衡、促进血液凝固、形成蛋壳等方面都具有重要作用。缺钙时，会出现佝偻病和软骨病，生长停止，产蛋减少，蛋壳变薄或产软壳蛋。在生长期，鸡日粮中的钙含量应保持在

0.6%～0.8%，产蛋量也相应增至3.5%～4%。日粮中钙含量过高时，会影响鸡对镁、锰、锌等元素的吸收，对鸡生长发育不利。谷物类饲料和麦麸中含钙很少。因此，配合日粮时必须增加钙质饲料。磷在骨骼中的含量仅次于钙。在蛋壳和蛋黄中也含有磷。磷在碳水化合物与脂肪的代谢、钙的吸收利用以及维持酸碱平衡过程中也有重要作用。缺磷时，乌骨鸡食欲减退，出现异食癖、生长缓慢；严重时关节硬化，易骨折，产蛋量下降或停止，蛋壳变薄。在乌骨鸡日粮中磷的含量应保持在0.3%～0.5%。谷物和米糠中虽然含有一定数量的磷，但主要是以植酸磷形式存在，而鸡对植酸磷的利用率仅为30%。因此，在配合日粮时，应以有效磷作为需要量的指标。在日粮中钙与磷的正常比例为2：1，产蛋鸡为4：1或更高些。

另外，日粮中如缺乏维生素D会影响机体对钙、磷的吸收利用，同样会引起乌骨鸡的钙缺乏症。

②钠和氯：它们是血液体液的主要成分，对于维持体内渗透压及酸碱平衡起着重要的调节作用，对于蛋白质代谢也有密切关系。如缺乏钠、氯乌骨鸡食欲减退，生长迟缓，出现啄脊和异食症。通常在日粮中添加食盐来补充钠和氯，雏鸡添加量宜为0.3%～0.35%，成年鸡为0.35%～0.37%。鸡对食盐过量非常敏感，会引起中毒，轻者大量饮水，发生下痢，重者引起死亡。配料用鱼粉时需了解其含盐量，严防使用过量而引起食盐中毒。

（2）微量元素

①铁和铜：铁存在于鸡的血红蛋白中，具有负责运输氧的功能；铁还存在于蛋中，对提高孵化率和雏鸡成活率有着重要的作用。铜与铁共同参与血红蛋白的形成。缺铜时，铁的吸收不良。在体内两者有着协同作用，缺一不可。铁与铜任何一种缺乏，都会引起贫血。近年来研究表明，铜还具有促进生长、增强免疫功能和抗菌作用。这两种元素通常用添加硫酸亚铁和硫酸铜来补给。

②锌：锌在乌骨鸡体内含量很少，但分布广。它是许多金属酶类和激素胰岛素的组成成分，参与蛋白质、碳水化合物和脂类的代谢，还与羽毛生长、皮肤健康、创伤愈合及免疫功能有关。缺锌时，乌骨鸡主要表现为生长发育缓慢，羽毛生长不良及诱发皮肤病等。母鸡缺锌时，产蛋减少或停止，种蛋孵化率下降，鸡胚死亡或发生畸形。一般饲料均缺锌，配合日粮时可添加硫酸锌或氧化锌来补给。

③锰：锰主要存在于鸡的血液、肝脏中，它作为碳水化合物、脂肪和蛋白质代谢的一些酶的组成部分，具有促进骨骼生长发育的作用。缺锰时，乌骨鸡因营养不良，表现为腿短，后髋关节肥大；蛋鸡产蛋率及种蛋孵化率降低。一般饲料均缺锰，通常在配合日粮时添加硫酸锰来补充。

④碘：碘是甲状腺的组成部分。日粮缺碘时，乌骨鸡主要表现甲状腺肿大，甲状腺素合成减少，代谢功能降低，生长发育受阻，嗜睡，产蛋力降低，严重时丧失繁殖能力。通常以添加碳化钾来补充饲料中碘的不足。

⑤硒：硒是谷胱甘肽过氧化酶的必需成分，这种酶和维生素 E 都具有保护细胞膜不受氧化物损伤的作用。缺硒时，乌骨鸡出现渗出性素质病。表现为皮肤呈淡绿色至淡蓝色，皮下水肿出血，肌肉萎缩，肝脏坏死，产蛋率、孵化率和雏鸡成活率下降。饲料中缺硒与土壤缺硒有关，如我国东北一些地区土壤缺硒，所产饲料也缺硒。故乌骨鸡常吃东北地区生产的玉米和大豆容易引起缺硒症。乌骨鸡对硒的需要量为每千克日粮 0.1～0.3 毫克。应当注意的是，鸡对硒的需要量与中毒量很接近。据试验，乌骨鸡对硒的最大耐受量为每千克日粮 0.5 毫克。因此，在饲料中添加亚硒酸钠时，要严格控制用量，而且必须混合均匀，以防发生中毒。

（五）维生素

维生素是维持鸡生长发育、产蛋及体内正常代谢活动所必需的一类特殊的营养物质。维生素的主要功能是控制与调节机体代谢碳水化合物、脂肪和蛋白质，这些代谢都不能缺乏与之相应的维生素。鸡需要在饲料中补充的维生素有 13 种，其总量仅占饲料的 0.05%，但是缺乏任何一种都会造成生长缓慢、生产力下降、抗病力变弱甚至死亡。维生素缺乏往往出现综合症状。当饲料中的维生素含量达不到要求时，必须添加人工合成的维生素来补充。只有在饲料中配合足够的种类齐全的维生素，才能避免维生素缺乏症。维生素分为脂溶性和水溶性两大类。

（1）脂溶性维生素

①维生素 A：能维持鸡视觉神经的正常生理功能，维护上皮组织的健康，促进骨骼的正常生长，还能增强鸡的抗病能力和免疫能力。如缺乏，鸡生长发育缓慢或停止，精神不振，瘦弱，羽毛蓬乱，运动失调，患夜盲症、干眼病；蛋鸡产蛋率下降，种蛋受精率和孵化率降低；鸡群抗病力减弱，发病率、死亡率提高。维生素 A 在鱼肝油中含量最高，青饲料、黄玉米、胡萝卜中含有少量胡萝卜素的前体，在体内水解后转变成胡萝卜素。

②维生素 D：有促进钙磷的吸收和在骨骼中沉积钙、磷的功能。如缺乏维生素 D 将导致鸡体内物质代谢紊乱，影响骨骼正常发育，造成机体钙磷不平衡，雏鸡生长不良，发生软骨症、跛脚、腿及胸骨软而弯曲，关节肿大，种蛋质量下降。维生素 D 主要以维生素 D_2、维生素 D_3 有营养意义，而鸡对维生素 D_3 的利用率高，其效能比维生素 D_2 高 40 倍。维生素 D_3 在鱼肝油中的含量较多。乌骨鸡的皮下有 7-脱氢胆固醇，经紫外线照射可转变为维生素 D_3。因此，鸡经常晒太阳就会获得维生素 D_3。

③维生素 E：又名生育酚，具有很强的抗氧化作用，可维持乌骨鸡正常的生殖功能及肌肉、血管的正常生理功能。如缺乏，公鸡睾丸发生退化；母鸡产蛋率、种蛋受精率、孵化率降低，胚胎死亡率增高；雏鸡发生脑软化症，步态紊乱，衰弱，易出现白肌病、心

肌损伤，血管和神经系统病变，毛细血管损伤，渗出液大量积聚，形成皮下水肿和血肿。维生素 E 广泛存在于一般饲料中，谷物的胚芽和青饲料中含有较多的维生素 E。

④维生素 K：能促进血液凝固。在饲料中添加抗生素和磺胺类药物，都会抑制维生素 K 在消化道中的合成和吸收。雏鸡如缺乏维生素 K，皮下常有出血斑点。种鸡如缺乏维生素 K，孵化率低，血液不易凝固。维生素 K 有 4 种：维生素 K_1 在青饲料、大豆、鱼粉中含量较多；维生素 K_2 可在肠道中含成；维生素 K_3 和维生素 K_4 为人工合成品。

（2）水溶性维生素

①维生素 B_1：又名硫胺素。它与体内碳水化合物代谢及维持正常神经功能有关。雏鸡对维生素 B_1 的缺乏十分敏感，如日粮中缺乏维生素 B_1，1～2 周龄就可出现多发性神经炎，症状是倒地侧卧，严重时衰竭死亡。种鸡缺乏维生素 B_1 时，受精率及孵化率降低，优质干草和糠麸中含维生素 B_1 较多。

②维生素 B_2：又名核黄素。它是细胞内黄酶的成分。黄酶直接参与体内的生物氧化过程，参与蛋白质、脂肪和核酸的代谢。对于鸡来说，维生素 B_2 是 B 族维生素中最重要的一种，也是最易缺乏的一种。如缺乏，雏鸡发生卷爪症，足跟关节肿胀，趾向内弯曲或呈拳状，脚部麻痹；种鸡产蛋率、受精率、孵化率下降。在饲料酵母、鱼粉、糠麸、优质干草及青绿饲料中含有维生素 B_2 较多，在谷物及饼料中含量低。如饲料中含量不足，可添加人工合成的维生素 B_2。

③维生素 B_3：又名泛酸。它是辅酶 A 的组成成分。辅酶 A 在鸡体内与蛋白质、脂肪的代谢关系密切。如缺乏维生素 B_3，会影响辅酶 A 的合成，使营养代谢紊乱，鸡的嘴角和肛门有局限性痂块损伤，脚爪有炎症，种蛋孵化率低，雏鸡眼有黏液流出，并把眼皮黏在一起，雏鸡成活率低。维生素 B_3 在饲料中分布很广，在酵

母、豆类、糠麸、青饲料和鱼粉、骨肉粉中含量较多。

④维生素 B_4：又名胆碱。它作为卵磷脂成分参与脂肪代谢，还能促进脂肪酸在肝脏的氧化作用；它作为乙酰胆碱的成分则与神经传导有关。如缺乏维生素 B_4，会引起脂肪肝，母鸡产蛋率明显下降。维生素 B_4 不足时，雏鸡生长缓慢、发生屈腱病，青年鸡发生骨粗短症、腱鞘炎。鸡体内可合成胆碱，日龄越大，合成量越多，故胆碱缺乏症多发生于雏鸡。在蛋白质饲料与谷物饲料中胆碱含量较多。

⑤维生素 B_6：又名吡哆醇。它参与蛋白质代谢。如缺乏，鸡生长缓慢，中枢神经紊乱，表现出兴奋与痉挛，严重时会死亡；种鸡体重下降，种蛋孵化率降低。在酵母和作物籽实中吡哆醇含量较多。

⑥维生素 B_{12}：又名氰钴胺素。它参与核酸合成，并与碳水化合物、脂肪的代谢以及维持血液中的谷胱甘肽有关。如缺乏，常引起贫血，雏鸡羽毛粗劣，肾肥大，甲状腺功能受损，种鸡产蛋减少，种蛋孵化率低，胚胎死亡率高。植物性饲料中几乎不含维生素 B_{12}，而在动物性饲料中含量丰富。

⑦叶酸：它与维生素 B_{12} 共同参与核酸的代谢和核蛋白的形成。如缺乏叶酸，雏鸡生长缓慢，羽毛蓬乱，贫血，骨粗短，种蛋孵化率低。一般饲料中的叶酸含量足够维持鸡生长发育的需要。

⑧烟酸：又名尼克酸。它是某些酶的重要组成成分。如缺乏，雏鸡食欲减退，生长停止，羽毛发育不良，脚和皮肤有癣状皮炎，下痢，结肠与盲肠出现坏死性肠炎；成年鸡产蛋率和种蛋孵化率降低，羽毛脱落，口腔和食管出现深红色炎症。烟酸摄入不足时，鸡的口腔黏膜与食管上皮、舌发生炎症。谷物类和糠麸类饲料含量丰富，但利用率较低，必须补充饲料酵母或人工合成的烟酸。

⑨生物素：又名维生素 H。它对各种有机物的代谢有着重要作用。如缺乏，鸡脚底变粗糙，长茧，有裂缝并出血，趾坏死脱落，

雏鸡生长缓慢甚至停止，种蛋孵化率降低。生物素、胆碱、叶酸是防止鸡软脚病的有效物质。生物素广泛存在于蛋白类饲料中，在青绿饲料中含量也较多。

⑩维生素 C：又名抗坏血酸。如缺乏，鸡易发生坏血病，生长停滞，体重下降；关节变软。在青绿饲料中维生素 C 含量丰富，在高温、断喙、发病、转群、长途运输等情况下，补喂维生素 C 可提高鸡群的抗病能力，减少应激反应。

在使用维生素添加剂时，应考虑到在配制、贮存、饲喂等过程中的损失量。

（六）水

水是构成鸡各种器官的主要成分。在鸡的生理活动中，水对于养分的消化吸收利用、代谢、废物排泄、血液循环及体温调节均起重要的作用。如缺水，会导致鸡食欲不振，饲料利用率降低，体内所有的代谢过程受干扰，鸡生产力下降。实践证明，鸡缺水比缺饲料的后果更为严重。若对产蛋鸡停水 1 天，产蛋率将急剧下降，要经过 21 天才能使产蛋恢复到原来的水平。乌骨鸡的饮水量因季节、饲养方式及不同生长阶段而异，夏季的饮水量通常高于冬季，笼养的需水量高于平养，生长快、产蛋多的鸡群饮水量超过生长慢、产蛋少的鸡群。在养鸡的全过程必须供应充足、清洁的饮水。

三、常用饲料原料

（一）青绿饲料

天然水分含量在 60% 以上的青绿饲料均属此类。青绿饲料具有养分比较全面、来源广泛、容易消化、成本低廉的优点，是优质地方鸡放养阶段常用饲料。

青绿饲料种类极多，且都是植物性饲料，富含叶绿素。主要包括天然牧草、栽培牧草、蔬菜类饲料、作物茎叶、水生饲料、青绿树叶、野生青绿饲料等。其特点是含水量高，能量低。一般水分含量在 75%～90%，每千克含代谢能 1255.2～2928.8 千焦。粗蛋白质含量高，一般占干物质重的 10%～20%。而且粗蛋白质品质极好，含必需氨基酸比较全面，生物学价值高。维生素尤其是胡萝卜素含量丰富，每千克可含 50～60 毫克，高于其他种类的饲料。钙、钾等碱性元素含量丰富，豆科牧草含钙元素更多，粗纤维含量少，幼嫩多汁，适口性好，消化率高，鸡极喜欢采食，是放养季节鸡的良好饲料，从而节省精料。

在实践中无论是放养还是采集野生青绿饲料或是人工栽培的青绿饲料养鸡时，都应注意以下 4 点：①青绿饲料要现采现喂（包括打浆），不可堆积或用喂剩的青草浆，以防产生亚硝酸盐中毒；②放牧或采集青绿饲料时，要了解青绿饲料的特性，有毒的和刚喷过农药的果园、菜地、草地或牧草要严禁采集和放牧，以防中毒；③含草酸多的青绿饲料，如菠菜、甜菜叶等不可多喂，以防引起雏鸡佝偻病或瘫痪，母鸡产薄壳蛋和软壳蛋；④某些含皂素多的豆科牧草喂量不宜过多，如有些苜蓿草的皂素含量高达 2%，过多的皂素会抑制雏鸡的生长。

（二）能量饲料

能量饲料是指饲料中粗纤维含量低于 18%、粗蛋白质含量低于 20%的饲料，主要包括谷物籽实及其加工副产品。这类饲料是养鸡生产中的主要精料，在日粮组成中占 50%～70%，适口性好，易消化，能值高，是鸡能量的主要来源。放养鸡的能量饲料还包括块根、块茎和瓜类饲料。

1. 籽实类

（1）玉米。玉米是养鸡生产中最主要，也是应用最广泛的能量饲料。优点是含能量最高，代谢能达 13.39 兆焦/千克，粗纤维少，适口性好，消化率高，是鸡的优良饲料。缺点是含粗蛋白质低，缺乏赖氨酸和色氨酸。黄色玉米和白色玉米在蛋白、能量价值上无差异，但黄玉米含胡萝卜素较多，可作为维生素 A 的部分来源，还含有较多的叶黄素,可加深鸡的皮肤、跖部和蛋黄的颜色,满足消费者的需求。一般情况下,玉米用量可占到鸡日粮的 30%～65%。

(2) 大麦。大麦每千克饲料代谢能达 11.09 兆焦,粗蛋白质含量 12%～13%,B 族维生素含量丰富。大麦的适口性也好,但它的皮壳粗硬,含粗纤维较高,达 8% 左右,不易消化,宜破碎或发芽后饲喂。用量一般占日粮的 10%～30%。

(3) 小麦。小麦营养价值高,适口性好,含粗蛋白质 10%～12%,氨基酸组成优于玉米和大米。缺点是缺乏维生素 A、维生素 D,黏性大,粉料中用量过大会黏嘴,降低适口性。如在鸡的配合饲料中使用小麦,一般用量为 10%～30%。

(4) 稻谷。稻谷的适口性好,但代谢能低,粗纤维较高,是我国水稻产区常用的养鸡饲料,在日粮中可占 10%～50%。

(5) 碎米。碎米也称米糍,是稻谷加工大米筛选出来的碎粒。粗纤维含量低,易于消化,也是农村养鸡常用的饲料。用量可占日粮的 30%～50%。但应注意,用碎米作为主要能量饲料时,要相应补充胡萝卜素或维生素 B_2。

(6) 高粱。高粱含碳水化合物多,是高粱产区的主要能量饲料。其缺点是粗蛋白质含量少、品质低,适口性差。在鸡日粮配合时,夏季比例宜控制在 10%～15%,冬季以 15%～20% 为宜。

2. 糠麸类

(1) 米糠。米糠是稻谷加工的副产品,分普通米糠和脱脂米糠。米糠的油脂含量高达 15%,且大多数为不饱和脂肪酸,易酸败,久贮容易变质,故应饲喂鲜米糠。也可在米糠中加入抗氧化剂或将米糠脱脂成糠饼使用。此外,米糠含纤维素较高,使用量不宜太多。一般占鸡日粮的 5%～10%。

(2) 麸皮。麸皮是小麦加工的副产品,粗蛋白质含量较高,适口性好,但能量低,粗纤维含量高,容积大,且有轻泻作用。用量不宜过大,一般可占日粮的 5%～15%。

（3）高粱糠。高粱糠含碳水化合物及脂肪较多，能量较高。因含量多，致使适口性差，粗蛋白质的含量和品质均低。因此，在鸡的日粮中的比例应控制在 5%～10%。

（4）次粉。又称四号粉，是面粉工业加工副产品。营养价值高，适口性好。但和小麦相同，多喂时也会产生黏嘴现象，制作颗粒料时则无此问题，一般可占日粮的 10%～20%。

3. 根茎、瓜类

用作饲料的根、茎、瓜类饲料主要有马铃薯、甘薯、南瓜、胡萝卜、甜菜等，含有较多的碳水化合物和水分，适口性好，产量高，是饲养优质地方鸡的优良饲料。这类饲料的特点是水分含量高，可达 75%～90%，但按干物质计算，其能量高，而且含有较多的糖分，胡萝卜和甘薯等还含有丰富的胡萝卜素。由于这类饲料水分含量高，多喂会影响鸡对干物质的摄入量，从而影响生产力。此外，发芽的马铃薯含有毒物质，不可饲喂。

（三）蛋白质饲料

蛋白质饲料指的是饲料中粗蛋白质含量在 20% 以上、粗纤维小于 18% 的饲料。这类饲料营养丰富，特别是粗蛋白质含量高，易于消化，能值较高，含钙、磷多，B 族维生素亦丰富。特别是在乌骨鸡的日粮中适当添加一些动物性蛋白质饲料，能明显地提高乌骨鸡的生产性能和饲料转化率。

按照蛋白质饲料的来源不同，分为植物性蛋白质饲料和动物性蛋白质饲料两大类。

1. 植物性蛋白质饲料

（1）豆饼（粕）。豆饼是大豆压榨提油后的副产品，而采用浸提法提油后的副产品则称为豆粕。豆饼（粕）含粗蛋白质 42%～46%，含赖氨酸丰富，是我国养鸡业普遍应用的优良植物性蛋白质饲料，缺点是蛋氨酸和胱氨酸含量不足。试验证明，用豆饼（粕）添加一定量的合成蛋氨酸，可以代替部分动物性蛋白质饲料。此外应注意，豆饼（粕）中含有抗胰蛋白酶等有害物质，因此使用前最好应经适当的热处理。目前国内一般多用 3 分钟 110℃热处理，其用量可占鸡日粮的 10%～25%。

（2）菜籽饼（粕）。菜籽饼（粕）是菜籽压榨油后的副产品。作为重要的蛋白质饲料来源，菜籽饼（粕）粗蛋白质含量达 37%左右，但能量和赖氨酸偏低，营养价值不如豆饼（粕）。菜籽饼（粕）含有芥子苷等毒素，过多饲喂会损害鸡的甲状腺、肝、肾，严重时中毒死亡。此外，菜籽饼（粕）有辛辣味，适口性不好，因此饲喂时最好应经过浸泡加热，或采用专门解毒剂（如浙江大学饲料研究所研制的 6107 菜籽饼解毒剂）进行脱毒处理。在鸡的日粮中其用量一般应控制在 3%～7%。

（3）棉籽饼（粕）。棉籽饼（粕）有带壳与不带壳之分，其营养价值也有较大差异。粗蛋白质含量为 32%～37%。赖氨酸含量也低于豆粕。棉籽饼（粕）含有棉酚等有毒物质，对乌骨鸡的机体组织和代谢有破坏作用，过多饲喂易引起中毒。可采用长时间蒸煮或 0.05%硫酸亚铁溶液浸泡等方法去毒，以减少棉酚对鸡的毒害作用。其用量一般可占鸡日粮的 5%～8%。

（4）花生饼。花生饼是花生榨油后的副产品，也分去壳与不去壳两种，其中以去壳的较好。花生饼的成分与豆饼基本相同，略有甜味，适口性好，可代替豆饼（粕）饲喂。但花生饼中赖氨酸含量低，使用时应增加赖氨酸的补充量。花生饼含脂肪高，在干燥而潮湿的地方容易腐败变质，产生剧毒的黄曲霉毒素，因此不宜久存。花生饼其用量占鸡日粮的 5%～10%。

（5）亚麻籽饼（胡麻籽饼）。亚麻籽饼粗蛋白质含量在 29.1%～38.2%，高的可达 40%以上，但赖氨酸仅为豆饼的 1/30。含有丰富的维生素，以胆碱含量为多，而维生素 D 和维生素 E 很少。此外，它含有较多的果胶物质，为遇水膨胀而能滋润肠壁的黏性液体，是雏鸡、弱鸡、病鸡的良好饲料。亚麻籽饼虽含有毒素，但在日粮中搭配10％左右不会发生中毒，最好与含赖氨酸多的饲料搭配在一起喂乌骨鸡，以补充赖氨酸。

（6）玉米蛋白粉（又叫玉米面筋粉）。为湿磨法制造玉米淀粉或玉米糖浆时，原料玉米除去淀粉、胚芽及玉米外皮后剩下的产品经分离、干燥而成。正常的玉米蛋白粉色泽金黄，色泽越鲜，蛋白质含量越高。玉米蛋白粉的蛋白质含量很高，一般为30％～70％。其蛋氨酸含量较高，但赖氨酸和色氨酸严重不足。用黄玉米制成的玉米蛋白粉含有较高的类胡萝卜素，对蛋黄及皮肤有很好的着色作用。因此，用于鸡饲料可节约蛋氨酸添加量，还能有效地改善蛋黄和皮肤的颜色。一般鸡饲料中的用量为3％～5％。

2. 动物性蛋白质饲料

（1）鱼粉。是鸡的优良蛋白质饲料。优质鱼粉粗蛋白质含量应在50％以上，含有鸡所需要的各种必需氨基酸，尤其是富含赖氨酸和蛋氨酸，且消化率高。鱼粉的代谢能值也高，达12.12兆焦/千克。此外，还含有各种维生素、矿物质和生长因子，是乌骨鸡生长、繁殖最理想的动物性蛋白质饲料。鱼粉有淡鱼粉和咸鱼粉之分，淡鱼粉质量好，含食盐少（2.5％～4％）；咸鱼粉含盐量高（6％～8％），用量应视其含盐量而定，不能盲目使用。若用量过多，盐分超过鸡的饲养标准规定量，极易造成食盐中毒。鱼粉一般在小鸡日粮中使用，用量一般为2％～5％。中、大鸡阶段不宜使用鱼粉，容易使鸡肉产生鱼腥味。

（2）肉骨粉。肉骨粉是屠宰场的加工副产品。经高温高压消毒脱脂的肉骨粉含有50％以上的优质蛋白质，且富含钙、磷等矿物质及多种维生素，是鸡很好的蛋白质和矿物质补充饲料，用量可占口粮的5％～10％。但应注意，肉骨粉如果处理不好或者存放时间过长会发黑、发臭，则不能用作饲料。否则，可引起鸡瘫痪、瞎眼、生长停滞甚至死亡。

（3）血粉。血粉是屠宰场的另一种下脚料。粗蛋白质的含量很高，为 80%～82%。但血粉加工所需的高温易使蛋白质的消化率降低，赖氨酸也易受到破坏。血粉具有特殊的臭味，适口性差，用量不宜过多，可占日粮的 2%～5%。

（4）蚕蛹粉。蚕蛹粉是缫丝过程中剩留的蚕蛹经晒干或烘干加工制成的。其蛋白质含量高，用量可占日粮的 5%～10%。

（5）羽毛粉。由禽类的羽毛经高压蒸煮、干燥粉碎而成。其粗蛋白质含量在 85%～90%。与其他动物性蛋白质饲料共用时，可补充日粮中的蛋白质，其用量可占日粮的 3%～5%。

（6）酵母饲料。酵母饲料是在一些饲料中接种专门的菌株发酵而成。既含有较多的能量和蛋白质，又含有丰富的 B 族维生素和其他活性物质，且蛋白质消化率高，能提高饲料的适口性及营养价值，对雏鸡生长和种鸡产蛋均有较好作用。一般在日粮中可加入 2%～5%。

（7）河蚌、螺蛳、蚯蚓、小鱼。这些均可作为鸡的动物性蛋白质饲料利用。但喂前应蒸煮消毒，防止腐败。有些软体动物如蚬肉中含有硫胺酶，能破坏维生素 B_2。鸡吃大量的蚬，所产蛋中维生素 B_2 缺少，死胎多，孵化率低，雏鸡易患多发性神经炎，应予以注意。这类饲料用量一般可占日粮的 10%～20%。

由于动物性饲料原料如鱼粉、血粉、蚕蛹粉等往往含有腥味，在商品鸡饲养的中鸡和大鸡阶段最好不要添加，以保证鸡的优良肉质和风味。

（四）矿物质

饲料鸡的生长发育、机体的新陈代谢需要钙、磷、钠等多种矿物质元素，上述青绿饲料、能量饲料、蛋白质饲料中虽均含有矿物质，但含量远不能满足生长和产蛋的需要。因此，在鸡日粮中常常需要专门加入石粉、贝壳粉、骨粉、食盐等矿物质饲料。

（1）石粉。石粉是磨碎的石灰石，含钙达 38%。有石灰石的地方，可以就地取材，经济实用，一般用量可占日粮的 1%～7%。

（2）贝壳粉。由蚌、蛤、螺蛳等外壳磨碎制成，含钙 29% 左右，是日粮中钙的主要来源。其用量可占日粮的 2%～7%。

（3）骨粉。是动物骨头经加热去油脂磨碎而成。骨粉含钙 29%，含磷 15%，是很好的矿物质饲料，其用量可占日粮的 1%～2%。

（4）磷酸氢钙、磷酸钙。磷酸氢钙、磷酸钙是补充磷和钙的矿物质饲料。磷矿石含氟量高，使用前应做脱氟处理。磷酸氢钙或磷酸钙在日粮中可占 1%～2%。

（5）蛋壳粉。蛋壳含钙 24.4%～26.5%，含粗蛋白质 12.42%。用蛋壳制粉喂鸡时要注意消毒，避免感染传染病。

（6）食盐。食盐是鸡必需的矿物质饲料，能同时补充钠和氯，一般用量占日粮 0.3% 左右，最高不得超过 0.5%。饲料中若有鱼粉，则应将鱼粉中的含盐量计算在内。

另外，鸡饲料中还要添加沙砾。沙砾并没有营养作用，但补充沙砾有助于乌骨鸡的肌胃磨碎饲料，提高消化率。放养鸡群随时可以吃到沙砾，而舍饲的鸡则应加以补充。舍饲的鸡如长期缺乏沙砾，就容易造成积食或消化不良，采食量减少，影响生长和产蛋。因此，应定期在饲料中适当拌入一些沙砾，或者在鸡舍内放置沙砾盆，让鸡自由采食。

（五）维生素饲料

在放养条件下，青绿多汁饲料能满足鸡对维生素的需要。在舍饲时则必须补充维生素饲料添加剂，或饲喂富含维生素的饲料。如不使用专门的维生素饲料添加剂，则青绿饲料、块根茎类饲料和干草粉可作为主要的维生素来源。在目前的饲养条件下，如果能将含各种维生素较多的饲料，如青草、白菜、通心菜和甘蓝等很好地调剂和搭配使用，便可基本满足鸡对维生素的需要。用量可占精料的 5%～10%。某些干草粉、松针粉、槐树叶粉等也可作为乌骨鸡的良好的维生素饲料。此外，常用的维生素饲料还有水草和青贮饲料，适于喂青年鸡和种鸡。水草以去根、打浆后的水葫芦饲喂效果较好。青贮饲料则可于每年秋季大量贮制，适口性好。可作为冬季良好的维生素饲料。

（六）添加剂饲料

近年来，随着畜牧业的集约化发展，饲料添加剂工业发展很快，已成为配合饲料的核心部分。饲料添加剂是指添加配合饲料中的微量物质（或成分），如各种氨基酸、微量元素、维生素、抗生素、抗菌药物、抗氧化剂、防霉剂、着色剂、调味剂等。它们在配合饲料中的添加量仅为千分之几或万分之几，但作用很大。其主要作用是补充饲料的营养成分，完善日粮的全价性，提高饲料利用率，防止饲料质量下降，促进畜、禽食欲和正常生长发育及生产，防治各种疾病，减少贮存期营养物质的损失，缓解毒性，以及改进畜产品品质等。合理使用饲料添加剂，可以明显地提高地方鸡的生产性能，提高饲料的转化效率，改善鸡产品的品质，达到无公害安全生产的目的，从而提高养乌骨鸡的经济效益。

按照目前的分类方法，饲料添加剂分为营养性添加剂和非营养性添加剂两大类。

1. 营养性添加剂

营养性添加剂主要用于平衡鸡日粮养分，以增强和补充日粮的营养，故又称强化剂。

（1）氨基酸添加剂。主要有赖氨酸添加剂和蛋氨酸添加剂。赖氨酸是限制性氨基酸之一，饲料中缺乏赖氨酸会导致乌骨鸡食欲减退，体重下降，生长停滞，产蛋率降低。蛋氨酸也是限制性氨基酸，适时添加可提高产蛋率，降低饲料消耗，提高饲料报酬，尤其是在饲料中蛋白质含量较低的条件下，效果更明显。近年来研究发现，甜菜碱作为动物代谢过程中的高效甲基供体，能替代部分蛋氨酸。在乌骨鸡日粮中添加 0.06％ 的甜菜碱与添加 0.01％ 的蛋氨酸，可获得同样的增重效果，明显降低饲料成本。

（2）微量元素添加剂。乌骨鸡除了补喂钙、磷、钠、氯等常量元素外，还需要补充一些微量元素，如铁、铜、锌、锰、钴、硒等。在日常的配合饲料中添加一定量的微量元素添加剂，即可满足乌骨鸡对各种微量元素的需要。作为微量元素添加剂的各种原料最好选择硫酸盐，因为硫酸盐可以促进蛋氨酸的利用，减少对蛋氨酸的需求量。此外，目前对氨基酸微量元素化合物，如新型有机硒产品——蛋氨酸硒等，研究和应用较多，效果明显。

（3）维生素添加剂。维生素添加剂种类很多，有的只含有少数几种脂溶性维生素，如维生素 A、维生素 D、维生素 E、维生素 K，有的是含有多种维生素的复合维生素，可根据需要选择使用。一般用量是每 100 千克日粮中添加 10 克左右。

2. 非营养性添加剂

使用这一类添加剂的主要目的是提高饲料利用率，增强机体抵抗能力和防止疾病发生，杀死和控制寄生虫，防止饲料霉变，保护维生素的效果和功能，提高饲料适口性，从而提高乌骨鸡的生产水平。这类添加剂不是乌骨鸡必需的营养物质，但添加到饲料中可以产生各种良好的效果，可根据不同的用途选择使用。主要有以下4 种：

（1）保健促生长剂。某些药物在用量适当时有预防疫病、促进生长的作用，主要是一些抗生素和其他人工合成的化合物。使用这类添加剂，会对鸡体内及产品中的残留和病原菌的抗药性。因此，对其使用范围、用量、使用期与休药期，应严格按照药品说明书和国家的有关规定使用。表 4－1 给出了无公害食品乌骨鸡饲养中允许使用的饲料药物添加剂品种、用量及休药期。

常用的保健促生长剂有土霉素、杆菌肽锌、硫酸黏杆菌素等。有些药物能抑制或杀灭球虫或其他体内寄生虫，因而也能促进生长，如盐霉素、盐酸氯苯胍、盐酸氨丙啉、莫能霉素、马杜拉霉素等。

表 4-1　无公害食品　乌骨鸡饲养中允许使用的药物饲料添加剂

类别	药品名称	用量（以有效成分计）	休药期(天)
抗菌药	阿美拉霉素	5～10 克/吨饲料	0
	杆菌肽锌	4～40 克/吨饲料，16 周龄以下使用	0
	杆菌肽锌＋硫酸黏杆菌素	2～20 克/吨饲料＋0.4～4 克/吨饲料	7
抗球虫病	盐酸金霉素	20～50 克/吨饲料	7
	硫酸黏杆菌素	2～20 克/吨饲料	7
	恩拉霉素	1～5 克/吨饲料	7
	黄霉素	5 克/吨饲料	0
	吉他霉素	促生长，5～10 克/吨饲料	7
	那西肽	2.5 克/吨饲料	3
	牛至油	促生长：1.25～12.5 克/吨饲料；预防：11.25 克/吨饲料	0
	土霉素	混饲 10～50 克/吨饲料，10 周龄以下使用	7
	维吉尼亚霉素	5～20 克/吨饲料	1
	盐酸氨丙啉＋乙氧酰胺苯甲酯	125 克/吨饲料＋8 克/吨饲料	3
	盐酸氨丙啉＋乙氧酰胺苯甲酯＋磺胺喹噁啉	100 克/吨饲料＋5 克/吨饲料＋60 克/吨饲料	7
	氯羟吡啶	125 克/吨饲料	5

续表

类别	药品名称	用量（以有效成分计）	休药期(天)
抗球虫病	复方氯羟吡啶粉（氯羟吡啶＋苄氧喹甲酯）	102 克/吨饲料＋8.4 克/吨饲料	7
	地克珠利	1 克/吨饲料	0
	二硝托胺	125 克/吨饲料	3
	氢溴酸常山酮	3 克/吨饲料	0
	拉沙洛西钠	75～125 克/吨饲料	3
	马杜霉素铵	5 克/吨饲料	5
	莫能菌素	90～110 克/吨饲料	5
	甲基盐霉素	60～80 克/吨饲料	5
	甲基盐霉素＋尼卡巴嗪	30～50 克/吨饲料＋30～50 克/吨饲料	5
	尼卡巴嗪	20～25 克/吨饲料	4
	尼卡巴嗪＋乙氧酰胺苯甲酯	125 克/吨饲料＋8 克/吨饲料	9
	盐酸氯苯胍	30～60 克/吨饲料	5
	盐霉素钠	60 克/吨饲料	5
	赛杜霉素钠	25 克/吨饲料	5

（2）调味增香剂。主要是在饲料中添加乌骨鸡喜爱的某种气味，有诱食和增加采食量、提高饲料利用率的作用。例如，当饲料中添加治疗药物而导致采食量下降时，增香剂对于维持采食和帮助药物达到疗效有重要作用。目前推广应用的乌骨鸡增香剂有辛辣型禽用调味剂。

（3）酶制剂。添加酶制剂可促进营养物质的消化，促进生长，提高饲料的转化效率。在英国、美国等经济发达国家，饲用酶制剂的使用已很普遍。近几年来，国内酶制剂的研制及其在乌骨鸡生产中的应用研究十分活跃，已有多家企业生产销售。复合酶制剂一般含有淀粉酶、果胶酶、蛋白酶、纤维酶和脂肪酶等。除了复合酶制剂外，还有单项酶制剂，如植酸酶等。

（4）饲料保存剂。饲料在贮运过程中，容易氧化变质甚至发霉。在饲料中加入抗氧化剂和防霉剂可以延缓这类不良的变化，主要包括抗氧化剂和防霉剂。常用的抗氧化剂有乙氧基喹啉（乙氧喹或山道喹）、二丁基羟基甲醛（BHT）和丁基羟基茴香醚（BHA）。常用的防霉剂有丙酸、丙酸钠、丙酸钙、山梨酸、苯甲酸等。

3. 抗生素替代产品

由于在饲料中添加抗生素，能防止畜禽的疾病发生，提高动物生产能力，提高养殖效益，所以一直是添加剂预混料的重要组成部分。但是，抗生素添加剂的长期使用，能使许多病原菌产生耐药性，同时在畜产品中产生严重的药物残留，从而对畜禽疾病的进一步防治和人类的健康都产生了不利影响。因此，抗生素添加剂的使用在世界各国越来越被严格限制。1986 年，瑞典成为世界上第一个在动物饲料中全面禁用抗生素作为生长促进剂的国家。禁用初期，人们担心动物的发病率会上升、生产性能会下降。但实践证明，通过有效地改善饲养管理，科学地使用抗生素是可行的。

为了寻找抗生素的替代品，生产出既能有效防止畜禽疾病的发生，又能促进动物生长，毒副作用小，无残留，无耐药性的绿色饲料添加剂，国内外许多畜牧兽医工作者进行了大量的研究，并取得了一定进展。

（1）益生素。益生素是一类活的微生物，又名微生态制剂。通过在饲料中添加无病源性、无毒副作用、无耐药性和无药物残留的微生物来促进肠道内有益微生物的生长，抑制有害微生物的生长繁殖（如沙门菌、大肠埃希菌等），从而调整与维持胃肠道内的微生态平衡，达到防止疾病发生，促进生长的目的。同时，这些微生物还可产生促生长因子、多种消化酶和维生素，从而促进营养物质的消化、吸收，促进动物生长。有些微生物还能有效降低畜禽舍内氨气等有害气体的浓度，大大降低臭味，改善环境。目前，研究和应用较多的益生素有乳酸菌、双歧杆菌、链球菌、芽胞杆菌、酵母、真菌、光合细菌等。乳酸杆菌和链球菌制剂是最常见的益生素，刚出生的动物肠道内随着乳酸杆菌数目的增加，菌群内其余微生物数量就会下降。然而，不同的益生素及益生素在不同场合的实际使用效果是不同的。另外要注意的是，抗生素和益生素不能同时在饲料中使用。

（2）促生素。与益生素相应，寡糖（低聚糖）类产品称为促生素，为2～10个糖基通过糖苷键连接而成的具有直链或支链结构的低聚糖的总称。寡糖种类很多，但目前作为饲料添加剂的有甘露寡糖、异麦芽糖、大豆低聚糖、低聚果糖、半乳寡糖、乳果寡糖、低聚木糖等。促生素能被胃肠道内有益微生物尤其是双歧杆菌所利用作为营养，而不能被有害微生物所利用，从而可促进肠道有益微生物大量繁殖，维持胃肠道内微生态平衡。寡糖还可以结合病原细胞的外源凝集素，避免病原菌在肠道上附着，从而阻断了病菌的感染途径，并携带病原菌排出体外，起到"冲刷"病原菌的作用，维护了动物的健康。某些多聚糖可以提高机体对药物和抗原的免疫应答能力，增进动物的免疫能力。

与活菌制剂相比，寡糖更稳定，对制粒、膨化、氧化和贮运等恶劣环境条件都具有很高的耐受性，能抵抗胃酸的灭活作用，克服了活菌制剂在肠道定植难的缺陷，加上它无毒、无副作用、不被吸收，虽然目前生产效率低，生产难度大，但是其发展应用前景十分广阔。

（3）酸化剂。在饲料中添加一定的酸化剂可以降低消化道的

pH 值，提供一个酸化环境，激活消化酶活性，延缓胃排空速度，有利于营养物质的消化吸收，提高饲料利用率，促进畜禽生长，防止胃肠道疾病发生。同时，酸化环境能够抑制有害菌生长繁殖，促进有益菌生长，提高机体免疫力。有机酸还能参与体内营养代谢，供给机体营养。常见的酸化剂有柠檬酸、延胡索酸等。

（4）植物性饲料添加剂。植物性饲料添加剂来自于天然植物，其结构成分保持着自然状态的生物活性，符合绿色畜产品生产要求。目前，国际社会对天然植物来源药物或添加剂产品的需求日益扩大。我国和日本、美国、法国、德国等一些国家在天然植物中筛选、提取有效成分方面做了大量工作，并有相应产品问世，如法国在成功地提取到抗鸡球虫的有效成分常山酮后，生产出抗鸡球虫添加剂"速丹"。日本开发成功抗菌药物"大蒜素"。巴玛德（Bamard）等人从植物中提取的多羟基类黄酮的生物多聚体 SB-303 能在早期阻止病毒穿入细胞。

（5）生物活性肽。生物活性肽本身就是动物体天然存在的生理活性调节物，由氨基酸组成，不仅具有营养价值，还具有多种生物学功能。根据活性肽来源可将其分为由动物体的内分泌细胞分泌的肽类、乳源性的生物活性肽、从动物体中提取的活性肽、从饲料蛋白质经专一性蛋白酶水解而产生的肽类四大类。

生物活性肽通过一种特殊机制杀灭细菌，具有广谱、不产生抗药性的优点，不会对环境造成任何不良影响，而且其功能特点决定了它可以替代某些抗生素和生长促进剂，提高动物免疫力，促进动物生长。生物活性肽应用于饲料行业尚处于起步阶段，均为一些含生物活性肽初级产品，但已显示出良好效果。对生物活性肽的研究开发已成为研究抗生素新产品的前沿课题，并被认为是新抗生素研究的新资源和重要途径。

四、配合饲料的生产

（一）配合饲料的概念和优越性

配合饲料是借助于现代营养科学的原理，采用科学配方和一定工艺流程，把多种饲料原料和某些添加剂按一定比例均匀混合配制而成的商品饲料。其营养全面，饲料报酬高，质量标准化，包装规格化，有利于大群集约化封闭式饲养场的生产。

（二）配合饲料的种类及规格要求

1. 添加剂预混料

添加剂预混料简称预混料，是由一种或多种维生素、微量元素、氨基酸等营养物质添加剂和抗生素、酶制剂、驱虫剂、抗氧化剂等非营养物质添加剂，以玉米粉、小麦粉等为载体，按规定量进行充分混合而成的一种半成品，供生产混合料使用。不能直接饲喂畜禽，在配合饲料中的添加量一般为 0.5%～3%。

2. 浓缩饲料

浓缩饲料是由蛋白质饲料、矿物质饲料和添加剂预混料按规定要求混合而成，必须按一定比例搭配能量饲料，配成全价饲料再饲喂畜禽，不能直接饲喂。

3. 全价配合饲料

全价配合饲料是根据饲养标准、原料营养成分、价格和资源，经过计算机处理制定出的营养完善、成本低廉的最佳配方进行加工配制而成。可直接饲喂畜禽，所有营养成分均能满足畜禽的需要。

配合饲料按成品形态区分，可分为粉状饲料、颗粒饲料、膨化饲料。

配合饲料的规格要求：国内外对配合饲料生产的安全法规、饲料检测体系，均有严格的标准，在配合饲料的生产中必须严格按照标准执行。

（三）饲料配方设计的基本原则

饲料配方是否合理，直接影响到乌骨鸡生产性能的发挥，以及生产的经济效益。配方设计过程中应注意以下基本原则。

1. 参照并灵活应用饲养标准

制定鸡的最适宜营养需要量，饲养标准是实行科学养鸡的基本依据。但在实际应用时，要结合当地鸡的品种、性别、地区环境条件、饲料条件、生产性能等具体情况灵活调整，适当增减，制定出最适宜的营养需要量。最后再通过实际饲喂，根据饲喂效果进行调整。

2. 正确地估测饲料的营养价值

同一种饲料，由于产地不一或收获季节不一，其营养成分可能存在较大的差异。所以在进行日粮配合时，必须选用符合当地实际的乌骨鸡饲料营养成分表，正确地估测各类饲料的营养价值。对用量较大而又重要的饲料，最好实测。

3. 选择饲料时，应考虑经济原则

要尽量选用营养丰富、价格低廉、来源方便的饲料进行配合，注意因地制宜、因时制宜，尽可能发挥当地饲料资源优势。如在满足各主要营养物质需要的前提条件下，尽量采用价廉和来源可靠、易得的饲料进行配合，以求降低成本，提高生产效益。

4. 注意日粮的品质和适口性

忌用有刺激性异味、霉变或含有其他有害物质的原料配制饲料。影响饲料的适口性有两个方面。一方面是饲料本身的原因，如高粱含有单宁，喂量过多会影响鸡的采食量，以占日粮的5%～10%为宜。另一方面是加工造成的，如压制成颗粒饲料可提高适口性，而粉料如磨得太细，鸡吃起来发黏，会降低适口性。因此，粉料不可磨得太细，各种饲料的粒度应基本一致，避免鸡挑食。

5. 选用的饲料种类应尽量多样化

在可能的条件下，用于配合的饲料种类应尽量多样化，以利营养物质的互补和平衡，提高整个日粮的营养价值和利用率。饲料品种多还可改善饲料的适口性，增加鸡的采食量，保证鸡群稳产增产。

6. 考虑鸡的消化生理特点合理配料

鸡对粗饲料的消化率低，粗纤维在鸡日粮中的含量不能过高。小鸡料中含量一般不宜超过3%，中鸡料不宜超过4%，大鸡料不宜超过5%，否则，会降低饲料的消化率和营养价值。

7. 配方要保持相对稳定

饲料配方一般不要随意变动，如需要改变时，应逐渐更换，最好有一周的过渡期，避免发生应激反应，影响食欲，降低生产性能。尤其是对产蛋期的种母鸡，更要注意饲料的相对稳定。

（四）鸡饲料配方及计算方法

目前一些科研单位及大的饲料厂家已使用了计算机计算饲料配方。其方法是先将程序输入计算机，然后把各种饲料所含的营养成分和单价输入计算机内贮存，再输入饲养标准中的各项营养成分的需要量。通过电子计算机的计算，直接打印出符合饲养标准且成本最低的饲料配方。

一些生产规模小的饲料厂及个体养鸡户则可使用试差法、公式法及四角形法（百分比法）计算饲料配方。下面介绍应用试差法计算配方的方法。

1. 饲料配方的计算方法

（1）根据当地的资源，确定所使用的饲料，现假定为黄玉米、麸皮、豆饼、鱼粉、磷酸三钙、石粉、盐、蛋氨酸、赖氨酸等。

（2）列出所用饲料的营养成分和饲养标准（见表4-2、表4-3）。

表4-2 饲料成分表

饲料	代谢能（兆焦/千克）	粗蛋白（%）	钙（%）	磷（%）	蛋氨酸+胱氨酸（%）	赖氨酸（%）
玉米	14.04	8.6	0.04	0.21	0.31	0.27
麸皮	7.94	14.2	0.12	0.85	0.57	0.54
豆饼	11.04	43.0	0.32	0.5	1.08	2.45
鱼粉	12.03	62.0	3.91	2.9	2.21	4.35
磷酸三钙			38.0	18.0		
石粉			35.0			

表4-3 饲养标准

代谢能（兆焦/千克）	粗蛋白（%）	钙（%）	磷（%）	蛋氨酸+胱氨酸（%）	赖氨酸（%）
12.03	21.0	1.0	0.65	0.84	1.09

（3）确定配方中某些饲料的用量。本例中先确定使用3%麸皮和4%鱼粉。鱼粉含有未知促生物因子，但价格较高，用量不能太多。计算出麸皮和鱼粉所含的营养成分，见表4-4。

表4-4 麸皮和鱼粉的营养成分

饲料	麸皮（3%）	鱼粉（4%）	合计（7%）
代谢能（兆焦/千克）	0.238	0.485	0.723
粗蛋白（%）	0.426	2.48	2.906
钙（%）	0.0036	0.1564	0.16

续表

饲料	麸皮（3%）	鱼粉（4%）	合计（7%）
磷（%）	0.0255	0.116	0.1415
蛋氨酸＋胱氨酸（%）	0.0171	0.0884	0.1055
赖氨酸（%）	0.0162	0.171	0.1902

（4）根据经验，将矿物质用量假定为 2.5%，其余部分均试用玉米。即玉米为：100－7（麸皮和鱼粉）－2.5（矿物质）＝90.5，其营养成分如表 4-5 所示。

表 4-5　饲料的营养成分

饲料	麸皮＋鱼粉（7%）	玉米（90.5%）	合计	标准	差数
代谢能（兆焦/千克）	0.485	12.72	13.21	12.03	＋1.18
粗蛋白（%）	2.906	7.783	10.689	21.0	－10.31
钙（%）	0.16	0.0362	0.196	1.0	－0.804
磷（%）	0.142	0.19	0.332	0.65	－0.318
蛋氨酸＋胱氨酸（%）	0.106	0.28	0.386	0.84	－0.454
赖氨酸（%）	0.19	0.24	0.43	1.09	－0.66

由表 4-5 可以看出，以上三项合计的营养成分与饲养标准比较，能量高 1.18 兆焦/千克，蛋白质差 10.31%，蛋氨酸＋胱氨酸差 0.454%，赖氨酸差 0.66%。

（5）如按蛋白质差数计算，根据表 4-5 蛋白质和标准需要差 10.31%，采用豆饼代替一部分玉米，以提高饲粮的蛋白质含量。豆饼含蛋白质为 43%，玉米含蛋白质为 8.6%。如果用 1% 豆饼代替 1% 玉米，则可提高饲粮的蛋白质为 34.4%。现差蛋白质

10.31％，则 10.31÷34.4×100％＝29.97％，即饲粮中用 29.97％ 的豆饼代替玉米，则饲粮蛋白质可达到 21％的标准。这样饲粮配方的营养成分如表 4－6 所示。

表 4－6　饲料的营养成分

饲料	麸皮＋鱼粉 （7％）	玉米 （60.52％）	豆饼 （29.97％）	合计	标准	差数
代谢能 （兆焦/千克）	0.485	8.51	7.52	16.51	12.03	4.48
粗蛋白 （％）	2.906	5.2	12.89	20.996	21.0	0
钙（％）	0.16	0.024	0.096	0.28	1.0	－0.72
磷（％）	0.142	0.127	0.15	0.42	0.65	－0.23
蛋氨酸＋ 胱氨酸 （％）	0.106	0.188	0.32	0.61	0.84	－0.23
赖氨酸 （％）	0.19	0.163	0.73	1.083	1.09	－0.007

由表 4－6 可以看出，代谢能和粗蛋白质已达标准或略高于标准。蛋氨酸＋胱氨酸和赖氨酸不足部分可添加合成氨基酸达到标准水平。现根据饲养标准配平钙磷水平，由于磷酸三钙中含有钙及磷，而石粉中只含钙而不含磷，所以先用磷酸三钙配平磷，然后再用石粉配平钙。从表 4－6 中看出磷差 0.23％，磷酸三钙含磷 18％，所以需要磷酸三钙（0.23÷18）×100＝1.27％。因磷酸三钙中含钙 38％，所以 1.27％的磷酸三钙中含钙 38×1.27％－0.4826，这样钙含量为

$0.28+0.4826=0.7626$。与标准 1.0 相比，尚差 $1.0-0.762=0.2374$。石粉中含钙量为 35%，需石粉 $0.2374÷5×100\%=0.68\%$，这样矿物质实际添加量为 1.27%（磷酸三钙）＋0.68%（石粉）＋0.3%（食盐）＝2.26%，比原假定用量少 2.5%－2.26%＝0.24%。蛋氨酸与赖氨酸的不足，分别用人工合成蛋氨酸、赖氨酸补齐。蛋氨酸需要 $(0.23÷85)/100=0.27\%$，赖氨酸需要 $(0.07÷85)/100=0.08\%$。此需要量从多出的矿物质量中扣除，不足之量从玉米中扣除。这样就可得到符合饲养标准的饲料配方，如表 4-7。

表 4-7 饲料配方

饲料	含量（%）	饲料	含量（%）
玉米	60.43	石粉	0.68
麸皮	3.0	蛋氨酸	0.27
鱼粉	4.0	赖氨酸	0.08
豆饼	29.97	食盐	0.3
磷酸三钙	1.27		

2. 介绍几种无鱼粉饲料配方（表 4-8、表 4-9）

表 4-8 后备鸡饲料配方

鸡龄 配方	0~6 周		7~14 周		15~18 周	
	Ⅰ	Ⅱ	Ⅰ	Ⅱ	Ⅰ	Ⅱ
玉米（%）	57.2	54.91	59.14	56.34	58.5	62.17
麸皮（%）	7.4	10.36	18.89	16.75	25.42	20.92
豆饼（%）	26.26	31.6	11.06	12.04	4.23	6.59
棉籽饼（%）	6.0		4.0	4.0	4.0	4.0

续表

鸡龄 配方	0~6 周		7~14 周		15~18 周	
	Ⅰ	Ⅱ	Ⅰ	Ⅱ	Ⅰ	Ⅱ
菜籽饼（%）				4.0		4.0
花生饼（%）			5.0	4.0	5.0	
磷酸三钙（%）	2.09	2.25	1.26	1.76	1.23	1.5
石粉（%）	0.4	0.38	0.35	0.53	1.32	0.37
蛋氨酸（%）	0.22	0.2		0.17		0.07
赖氨酸（%）	0.13			0.11		0.08
食盐（%）	0.3	0.3	0.3	0.3	0.3	0.3
合计	100	100	100	100	100	100
配方营养成分						
代谢能 （兆焦/千克）	11.87	11.87	11.70	11.50	11.29	11.50
粗蛋白（%）	19.0	19.5	16.0	17.0	14.0	14.0
钙（%）	1.0	1.1	0.7	0.9	1.0	0.75
有效磷（%）	0.5	0.53	0.35	0.45	0.35	0.4
蛋氨酸+胱氨酸（%）	0.72	0.73	0.47	0.65	0.43	0.5
赖氨酸（%）	1.0	0.97	0.64	0.77	0.5	0.6

注：以上各饲养阶段，均提供两种配方，可根据当地饲料原料的具体情况选用。

表 4 - 9　产蛋鸡饲料配方

鸡龄 \\ 配方	产蛋率＞80％		产蛋率＜80％	
	Ⅰ	Ⅱ	Ⅰ	Ⅱ
玉米（％）	59.68	60.9	63.07	60.56
麸皮（％）	2.52	3.14	1.94	3.28
豆饼（％）	15.8	13.35	11.83	16.39
棉籽饼（％）	6.0	4.3	6.0	4.0
菜籽饼（％）	6.0		6.0	
花生饼（％）		5.0		5.0
酵母（％）		3.0		
磷酸三钙（％）	1.82	1.79	1.31	1.35
石粉（％）	7.49	8.3	9.18	8.87
蛋氨酸（％）	0.25	0.19	0.22	0.25
赖氨酸（％）	0.14		0.15	
食盐（％）	0.3	0.3	0.3	0.3
合计	100	100	100	100
配方营养成分				
代谢能（兆焦/千克）	11.29	11.50	11.29	11.50
粗蛋白（％）	16.5	16.5	16.0	16.0
钙（％）	3.4	3.5	3.8	3.5
有效磷（％）	0.45	0.42	0.35	0.34
蛋氨酸＋胱氨酸（％）	0.7	0.65	0.64	0.60
赖氨酸（％）	0.83	0.75	0.75	0.70

第五章　乌骨鸡的繁育技术

第一节　乌骨鸡的繁殖特点

一、乌骨鸡的繁殖特性

1. 乌骨鸡的性成熟

因品种差异，乌骨鸡的性成熟时间也存在差异，在营养条件较好，光照充足的情况下，通常公鸡在 15～20 周龄达到性成熟，母鸡通常在 24～26 周龄达到性成熟，31 周龄左右达到产蛋高峰。乌骨鸡有很强的就巢性，通常在夏秋季节每产蛋 20 个左右就巢一次，每年就巢 4～5 次，每次持续 1～2 周。冬春季节不就巢，一般每产蛋 1～2 枚就停产 1 天。

2. 种乌鸡的公母比例与使用年限

合理的种乌鸡公母比例不仅可以提高种蛋的品质，还可以提高乌骨鸡种蛋受精率与孵化率。如果种公鸡数量太少，会导致种蛋的受精率低，而种公鸡数量过多，又容易出现鸡只啄斗的现象，影响鸡群的稳定，使母鸡产蛋率降低，同时影响种蛋的品质，增加饲料、场地等养殖成本。人工饲养的乌骨鸡一般大群可按每 10～12 只母鸡配备一只公鸡，小群饲养可每 8～10 只母鸡配一只公鸡。公鸡和母鸡通常都可以利用 2～3 年，往往母鸡第二年产蛋量最高，质量较好，随着饲养年限的增加，产蛋率会逐渐降低，因此每年可以有计划地培育和更新种鸡，超过 5 龄的乌骨鸡不应作为种鸡。

二、乌骨鸡的繁殖方式

乌骨鸡的繁殖方式通常有自然繁殖和人工授精繁殖两种。

1. 自然繁殖

乌骨鸡的自然繁殖是指在自然环境条件下，公鸡、母鸡进行自行交配产生后代的一种繁殖方式，一般比较常见于粗放的养殖场中。此时雌雄乌骨鸡混合在一起饲养，它们性成熟后自发地进行交配、产下受精蛋。此时一定要保持合理的公母比例，来提高整个鸡群种蛋的受精率。当鸡群数量较大时，公母比可按1∶（10~12）分配。当鸡群数量较少时，可采用小群配种，公母鸡按1∶（8~10）进行分配。配种时应选用2~4龄的青壮年公鸡，保证公鸡的精液品质，提高种蛋的受精率。

2. 人工授精繁殖

人工授精是指人工通过长期选择，挑选合适的种公鸡，对其进行人工采精训练后，进行人工采集精液，再输入母鸡体内的繁殖方式。不过在最初阶段由于鸡只主要采取平养，同时由于鸡的精液保存较困难，人工授精技术的发展受到了限制，不过近年来随着现代养鸡业的发展、笼式养鸡的普及与饲养管理等技术的进步，鸡的人工授精技术也得到了广泛的推广应用。人工授精一般可3~5天进行输精一次，通常种蛋的受精率在90%左右，在人工输精48小时后即可获得受精种蛋。人工授精技术所需设备比较简单，操作难度也不大，比较容易被养殖场技术人员学习和掌握，而且投资较少，成本不高，可提高种蛋受精率，减少种公鸡的数量，节省饲养成本。

第二节　乌骨鸡引种与配种

一、种乌骨鸡的选择

种乌骨鸡的选择关系到其后代的性能，选择优质的种鸡是乌骨鸡引种的关键。应该选择那些身体健康，体形匀称，体重达到一定的标准，发育良好的乌骨鸡作为种鸡。对于那些外貌特征不明显、消瘦、发育不良、跛脚、体重不达标的鸡不能作为种鸡。

母乌骨鸡的质量直接关系到其后代的产蛋率以及种蛋的孵化率。因此应选择那些发育良好，体形丰满，全身丝毛干净整洁，并且对公鸡表现出好感的母鸡做种鸡。同时可根据育种繁殖场的记录和系谱进行选择，种鸡应具有明显的外貌特征，即所谓的"十全"特征：乌皮、乌骨、乌肉、乌爪、丝毛、丛冠、绿耳、胡须、缨头、毛腿，同时鸡只健康无病，双眼有神、强壮有力，行动灵活，胸宽体直，腹大柔软，有弹性，产蛋多，就巢性弱的母鸡较好。一般以 2～3 龄的母鸡较好，此时的母鸡处于最佳的生殖年龄，以后随着年龄的增加，母鸡生殖能力会逐渐下降。一般超过 5 月龄母鸡不应作种鸡。

公鸡要选择那些个体大、体形健壮、丛冠发达，叫声洪亮，动作灵敏，第二性征明显，交配意识强的做种鸡。平时可以有计划地根据公鸡的生长发育状况，分别在 3 月龄、4 月龄和 6 月龄对公鸡进行选择，最终选留的种公鸡可利用 2～3 年。一旦发现种公鸡性欲减退、精液品质下降，应及时淘汰，更换种鸡。选留的种公鸡，数量上可比实际数量多准备一些，同时可以根据计划定期更新种鸡，一般可每年更换 30%～50%。

二、种蛋的选择

种蛋在乌骨鸡体内受精，待蛋产出后在体外孵化完成发育。种蛋品质的好坏，直接关系到种蛋孵化的成功与否和孵出雏鸡的质量，因此种蛋的选择对于乌骨鸡的繁殖非常关键。

应该选择健康、高产的鸡群所产蛋为种蛋。所选种蛋外形正常，为椭圆形，大小适中，蛋壳色泽均匀有光泽，厚薄适中，无皱纹，无沙皮等畸形。蛋壳致密，同时种蛋应干净新鲜。保存时间较长的蛋，受精的胚胎容易衰老，会降低孵化率，不应做种蛋。春秋季最好选用两周以内的蛋做种蛋，在寒冷的冬天以一周以内的蛋为宜，而在炎热的夏天最好选用5天以内的蛋做种蛋，被粪便或脏物污染的蛋不应做种蛋。

三、雏鸡的选择

优质的雏鸡，是一个养殖场成功的重要因素。好的乌骨鸡苗容易成活，较少生病，可节约饲养成本，关系着养殖场的经济效益。在引进雏鸡时，要从信誉良好，有品牌知名度的孵化厂引进，因为正规的孵化企业，在种蛋的选择、保存、运输、孵化等方面一般都比较规范，有特定的技术操作规程。选择好种蛋引进的孵化企业后，下一步就要选择优质的雏鸡了。优质的雏鸡身体健康，发育良好、品种特征明显，声音洪亮，腿脚粗壮，行动敏捷，站立稳当，活泼有力，双眼明亮有神，羽毛光洁，无歪脖、瘸腿等明显身体缺陷。脐带处干净平整，卵黄吸收良好，肛周绒毛干净。

瘦小、无力，声音微弱，两眼无神，羽毛松乱，垂头缩颈、怕冷挤堆的雏鸡不应选择。此外要注意不要从饲养环境差、有传染性疾病如传染性法氏囊、沙门菌病等的养殖场引进雏鸡。

四、配种

配种应选择身体强壮、个头大、身体结实、声音洪亮、配种能力强的公鸡和身体健康、双眼有神、腿脚有力、腹大柔软、产蛋多的母鸡进行配种。配种方法有自然交配和人工授精两种方式。

自然交配主要有大群配种和小群配种两种。大群配种可按公母比1：（10～12）放入公鸡，小群配种可按公母比1：（8～10）放入公鸡，让公鸡与母鸡进行自然交配。自然交配配种，方法简单，操作容易，易于管理。

人工授精配种是指采集公鸡精液后采用人工授精技术对母鸡进行配种。人工授精配种一般公母比可按1：（30～60）进行分配。对公鸡的采精和对母鸡进行输精时分别由两人完成。一般可在母鸡的产蛋率达到50％～70％时开始输精，连续输精2～3天后，就可以收集种蛋，此后可每4～5天输精1次。一般应在母鸡子宫内无硬壳蛋时输精，通常每天下午4时前母鸡已经产蛋完毕，可在下午4时后进行输精。一般公鸡每次的射精量为0.2～0.8毫升，因品种不同略有差异。精液可按1：（1～3）进行稀释后输精，1只母鸡每次输精0.03～0.05毫升，按精液中有效精子数计一般每次输精0.6亿～1亿，首次输精剂量可以加倍。通常每隔4～5天输精1次，公鸡每周采精3～5次。新鲜采集的精液应在37℃～39℃保存。人工授精配种可以减少种公鸡的饲养数量，降低养殖成本，同时还可以减少疫病的传播。

不管是自然配种还是人工授精配种方式，配种后公鸡的精子会沿着母鸡输卵管快速到达输卵管喇叭部的精窝内。再经过15分钟左右就会有精子进入卵黄表面的胚珠区，最终只有一个精子与卵细胞结合完成受精。一般配种后48小时受精率最高，因此可在此时开始收集种蛋。

第三节　乌骨鸡的人工授精技术

随着乌骨鸡养殖业的发展和养殖规模的不断扩大，鸡的人工授精技术也得到了广泛应用。乌骨鸡体形较小，其人工授精技术简单易学，所需设备简单，所需投入资金少，同时还能减少养殖场种公鸡的数量，一般采用自然交配，1只公鸡配比母鸡10～15只，而采用人工授精技术，1只公鸡可以配种30～60只母鸡，有时候还可以更多，节省了大量的饲养成本。同时采用人工授精技术，公鸡和母鸡分笼饲养，这种饲养方式既方便了育种工作的进行，也可单独为种公鸡增加营养，为提高种公鸡精液质量提供了有利条件，同时也减少了公鸡不必要的啄斗，有利于降低鸡只死淘率。

不过对乌骨鸡进行人工授精时，因为使用了输精器具以及采精和输精过程中对公、母鸡生殖器官的反复挤压，容易损伤公、母鸡生殖器官，引发炎症，所以在采精、输精过程中操作应尽量轻柔，所用器具要进行严格消毒，以减少鸡只炎症的发生。

一、种鸡的挑选和训练

1. 种公鸡挑选的标准

要选择健康、双眼有神，行动灵活，叫声洪亮，羽毛光亮，第二性征发育明显、生产性能高的公鸡作为采精对象，一般采精量可达 0.2～0.8 毫升，精液呈乳白色黏稠状。正常精子密度为 25 亿～80 亿/毫升，精子无畸形，直线运动。

2. 种公鸡训练方法

在对乌骨鸡进行正式采精前要进行调教和训练，可建立较好的条件反射，以获得高品质的精液。一般在采精前 7～10 天开始，将公鸡转入笼内，使种公鸡熟悉周围环境，适应人的触摸，减少惊恐，方便进行采精。对种公鸡进行训练的人员要固定，使公鸡熟悉采精人员的手法和采精程序，方便建立完整的性反射。

在进行采精调教训练前可先将公鸡肛周垂下来的羽毛剪掉，用蘸有无菌生理盐水或酒精的棉球将泄殖腔周围擦拭干净，防止污染精液。调教时，训练人员坐在凳子上，双腿夹住公鸡的双腿，使公鸡头朝左，鸡尾朝右。左手大拇指与其余 4 指分开，放在鸡的背部两侧，从公鸡的背部向其尾部滑动，轻轻按摩 3～4 次，右手从公鸡的腹部向泄殖腔进行辅助按摩。看公鸡有没有出现翘尾、露出充血的生殖突起等性反射动作表现。如有，说明对公鸡的调教比较成功，一般每天可对公鸡进行调教 1～2 次。通常发育较好的公鸡，训练 1～2 次即可采集到精液，一般公鸡调教 3～5 次后也能采集到精液。对于那些不易采集到精液、射精量少、精液品质差或者难以建立条件反射的公鸡要及时淘汰掉。

二、采精方法及注意事项

1. 采精前的准备工作

采精前要准备好用于采精和输精的用具，并对其进行清洗和消毒。采精杯、集精管、吸管、输精枪等用清水洗净后再用蒸馏水清洗，然后放入开水中煮沸 5～10 分钟或者进行熏蒸消毒或用干燥箱消毒后备用。采精操作人员也要做好清洁和消毒工作，特别是双手应清洗干净，用酒精消毒。

进行采精前 4 小时应停止饲喂公鸡，防止公鸡过饱，在采精时排出粪便，污染精液。通常精子在 37℃～38℃可存活 30 分钟，外界温度过高或者过低都会影响精子的活力。因此，在采精前要对采精杯、集精管等采精器具进行预热处理。可准备一个保温桶，装上38℃左右的温水进行预温，采精时可用干棉花包好集精杯进行保温，同时还可减少阳光中的紫外线对精子的损伤。

2. 公鸡的人工采精

对公鸡的采精方法通常有按摩法、电激法等，不过目前生产实践中一般采用按摩法。按摩法操作简单，采集的精液相对比较干净，同时对公鸡伤害较小，安全可靠。采用按摩法采精时，一般有三个步骤，一是鸡只的保定，二是采精人员对公鸡进行按摩，三是待公鸡出现性反射时采精员进行精液采集。公鸡的人工采精方法按照操作人员的多少又可分为单人采精和两人采精。

单人采精，操作人员坐在椅子上，用大腿夹住公鸡双腿，使公鸡头朝操作人员的左边，尾部朝右边，左手大拇指和食指指腹在公鸡背部轻轻按摩 3～4 次，另外一只手从公鸡的腹部向尾部来回按摩，3～4 次，待公鸡对按摩做出反应，翘起尾巴，生殖器勃起时，左手轻捏泄殖腔两侧，右手将集精杯对准泄殖腔，收集精液。

两人采精，一般由 1 人为主进行操作，另外 1 人作为助手。通常助手从鸡笼里抓出公鸡，坐在凳子上，负责将鸡只绑定，采精者负责进行按摩和采精，方法同单人采精，如此重复 2～3 次即可完成一只公鸡的采精。

3. 人工采精注意事项

①要选择健壮的公鸡进行采精。健壮的公鸡一般精液质量较好，因此可加强种公鸡的饲养管理，为公鸡提供营养丰富全面的饲料，保证蛋白质、多种维生素和微量元素等的含量，促进公鸡健康生长，为取得高品质精液打好基础。②要定期对公鸡的精液品质进行检查，所采集精液中精子活力低或者死亡、畸形精子多的精液应弃去，对应的公鸡也要淘汰。③采集的精液应在采集后半小时内完成输精，若没有立即使用完则要注意保存，存放时间不宜过长，长时间地存放，影响精子的活力，也影响种蛋的受精率。④一般公鸡在采精一次后要经过适当休息才能恢复，因此采精不能太频繁，采精过于频繁，会降低精液的品质。一般隔天或 3 天采精较好，每周可采集 3～5 次。⑤采精时应由技术熟练的人员进行操作，避免用力过猛或者动作粗暴损伤公鸡生殖器，生殖器损伤容易引起血精，污染精液。采精人员要相对固定，以免公鸡对于不熟悉的人产生不

安，采精时容易使粪便、羽毛、皮屑等落进集精杯，降低精液的品质。⑥采精前一周左右需要对公鸡进行训练，以便让公鸡熟悉采精程序，建立条件发射，经过多次训练仍不能采集到精液的公鸡必须淘汰掉。⑦公鸡尽量单笼饲养，减少斗殴，以免降低采精量。⑧采精前要对公鸡停止喂食3～4小时，防止公鸡过饱在采精时排粪，污染精液。⑨采精所用器具一律要刷洗干净，并进行消毒晾干或烘干后使用。

三、精液品质的评定

公鸡精液的品质直接影响种蛋的受精率，要保证受精率应对公鸡精液品质进行定期检查。在生产实际中一般仅对精液进行外观检查，主要包括精液颜色的检查，精子密度、精子活力、采精量及精液 pH 值的检查等。

1. 精液的颜色

通常健康公鸡的精液颜色为牛奶般的乳白色或略带黄色，略带腥味。如果精液中混有血或者公鸡粪便或者羽毛等异物，容易引起精液颜色改变，出现黄褐色等。另外气味异常或者呈透明状或棉絮状的精液，也不属于正常精液，这样的精液都不能用于输精。

2. 精子的密度

虽然公鸡的精液量比较少，但精子密度却非常高，公鸡的精液较为浓稠，其精子的平均密度在30亿/毫升左右，可通过显微镜来估算精子的密度。如果在显微镜下，整个视野充满精子，精子间几乎没有空隙的通常为浓稠精液，精子数量大约在40亿/毫升以上；如果视野中精子有一定的间隙，表明精子密度中等，精子数在20亿～40亿/毫升，如发现视野中精子间有很大的空隙，表明精液比较稀，精子数在20亿/毫升以下。

3. 精子活力

精子的活力直接影响着种蛋的受精率，高活力精子容易到达母鸡输卵管的漏斗部，与卵子结合使之受精。取公鸡精液和生理盐水各一滴，放在载玻片上混匀，盖上盖玻片，用显微镜进行观察，高活力的精子呈直线摆动前进，具有受精能力；在原地摆动或者转圈的精子活力低下，没有受精能力，不能用于输精。

4. 采精量

乌骨鸡的精液量比家畜的精液量要少得多，一般公鸡的采精量为 0.2～1 毫升，可以用有刻度的吸管或其他计量器进行测量。每次采集精液的量因公鸡品种不同而有所差异，公鸡的营养状况及养殖场的饲养管理条件是影响采精量的重要因素，同时公鸡的利用频率和采精者的操作熟练度也会影响采精量。

5. 精液的 pH 值

一般正常的精液呈中性或弱碱性，pH 值范围为 6.2～7.4。若在采精过程中，落入异物容易引起精液 pH 值的改变。精液 pH 值过高或过低都容易使精子失活。当精液 pH 低于 6 时，精子运动减慢，当精液 pH 大于 8 时，精子运动加快，容易死亡。

6. 提高公鸡精液品质的措施

首先是在选种时要选留优秀的公鸡作种用。对于那些第二性征明显、首次调教训练就出现性反射的公鸡要优先采用。同时要及时淘汰采精量少、精液较稀、精子活力差的公鸡。

其次是要加强对种公鸡的日常饲养管理。种公鸡要单笼饲养，给种公鸡提供舒适的环境，同时温度要适宜，春秋季温度比较适宜，种公鸡精子活力相对较高，精液品质较好，夏季和冬季要注意降温和保暖工作，以免温度过高或过低影响精子的活力。在日常使用消毒剂时，要注意挥发性强的消毒剂的使用，避免对精子造成损伤，降低精液品质。输精前后 2～3 小时不要进行鸡舍的消毒。平时要给种公鸡饲喂营养全面的日粮，如全价料。在种公鸡配种期间应由专人饲养，不要在鸡舍大声吵闹，光照强度和时间要适宜，并定期监测种公鸡的精液品质。

四、乌骨鸡精液的稀释与保存

现在随着养殖场规模的扩大，出于成本控制的考虑，一般母鸡饲养规模大，种公鸡数量较少，因公鸡一次采精量较少，对公鸡的利用频率很高。而公鸡精液的精子密度比较高，对公鸡精液进行适当的稀释，可以扩大精液量，提高公鸡的利用率，降低成本，同时又可使精子分布均匀，保持较强的活力，便于输精、运输和保存。

1. 精液的稀释

种公鸡平均每毫升精液中含有 30 亿～40 亿精子，所以如果每次输入的有效精子数在 1 亿左右，种蛋受精率可达 95％。在养鸡生产中，对精液进行适当稀释可以增加精液量，不仅可以对公鸡进行充分利用，也是出于精液保存需要的考虑。因公鸡精液呈弱碱性，在精液的保存过程中会产生许多的代谢产物，这些代谢产物会降低精液的 pH 值，从而影响精子的活力。对精子进行稀释的稀释液不仅可以给精子提供能量，还可以缓冲精子细胞的渗透压以及离子平衡，避免 pH 值波动过大，影响精子寿命。因此非常有必要对公鸡的精液进行适当稀释。常用的稀释液有生理盐水（0.9％的氯化钠溶液）、磷酸盐缓冲液（磷酸二氢钾 1.456 克，磷酸氢二钾 0.873 克，蒸馏水 100 毫升）和葡萄糖溶液（葡萄糖 5.7 克，蒸馏水 100 毫升）等。在配制稀释液时，可在稀释液中按每 100 毫升添加 500～1000 单位的青霉素，可以起到抗菌保护作用。

精液在稀释时可以根据精液的浓度选择稀释倍数，一般稀释 2～3 倍，但如果发现精子密度很低，精液呈清亮、接近透明，而不是"乳白"色，这样的精液即使不稀释，受精率也会很低，此时应立即停止采精，并找出原因，加强管理和营养，等公鸡精液品质恢复后才能使用，不能恢复的公鸡应予以淘汰。

在进行精液稀释时要根据实际情况和稀释的目的来选择稀释液配方，尤其要注意稀释液的渗透压、pH 值要与原精相近。在对精液进行稀释时，要提前对稀释液进行预温。在稀释时，操作要规范，减少对精子的伤害。稀释时将已经进行预温的稀释液与合格的精液进行缓慢混合，要防止混合时起泡和突然降温以及温度的反复波动，稀释液要现配现用，用多少配多少，青霉素等抗生素也要临用时再加入，稀释器具要注意消毒。

2. 乌骨鸡精液的保存

乌骨鸡精液的保存好坏关系到所输精液的品质，是人工授精技术过程中最关键的环节，乌骨鸡精液的保存技术主要包括公鸡精液的短期保存技术和公鸡精液的长期保存技术（冷冻保存技术）。公鸡精液的短期保存技术又包括公鸡精液的常温保存和公鸡精液的低温保存技术。因在常温保存或者低温保存条件下，公鸡精液呈液体状，因此也叫液态精液保存。

（1）公鸡精液的常温保存

公鸡精子代谢很旺盛，没有经过稀释的精液，在18℃～25℃条件下存放30分钟受精率就会下降，因在外界环境中由于精子内源能量很快耗竭导致死亡。常温保存通过将新鲜精液进行适当稀释，按照输精要求进行分装后进行保存，虽然采用常温进行精液保存，即使对精液进行适当稀释，保存的时间也不会很长，保存效果也很不理想，但是常温保存操作简单，不需要特殊的温度控制设备，所以便于推广和应用。不过新鲜采集的精液最好在半小时内用完。精液若需要长时间存放，则必须低温或冷冻保存。

（2）公鸡精液的低温保存

新鲜采集的公鸡精液在采精15分钟内进行适当稀释，在0～5℃温度下进行短期保存，称为低温保存。在此温度下，精子运动减缓，代谢降低，甚至是处于休眠状态，可以相对延长精子的保存时间。低温保存的精液一般储存在冰箱的冷藏室，精液在24小时内用完较好。有研究表明公鸡的精液在采精后按1∶（1～2）稀释后，在2℃～4℃的低温下保存5小时后给母鸡输精，种蛋的受精率可达 88％以上，种蛋孵化率在 78％以上。如果在稀释液或需要保存的精液中通入氧气，可将稀释液或待保存的精液装入 200 毫升的有刻度漏斗杯中，用棉花塞将漏斗口封住，连接氧气瓶的乳胶管，插入稀释液或待保存的精液中，通氧 10 分钟，可增加稀释液或待保存的精液中的溶解氧将近 1 倍，可以大大提高保存精子的受精率，研究表明若在精液保存前加氧，种蛋的受精率和入孵蛋的孵化率分别可达到 92％和 81％，与用新鲜精液配种后蛋的受精率和孵化率接近。

（3）公鸡精液的冷冻保存

随着科学技术的发展，特别是哺乳动物精子冷冻保存技术的成功实现和发展，促进了家禽精液的冷冻保存技术的发展。公鸡精液的冷冻保存技术可以对精子实现长期保存，能够有效地保存乌骨鸡的品种资源。

精液的冷冻保存技术也称为超低温冻存技术，通过向精液中添加冷冻保护剂后再将精液保存在干冰中（－79℃）或液氮（－196℃）中的一种冷冻保存技术。在超低温下，精子细胞的代谢活动暂时停止，当温度回升到适宜的温度，精子细胞又可以恢复活力。在精液中加入的冷冻保护剂如甘油等可进入精子细胞，阻止精子细胞中形成冰晶，避免精子在保存过程中由于温度的急剧下降到超低温下造成冷休克。常用的精液冷冻保护剂有甘油，二甲基亚砜和二甲基乙酰胺等。

精液冷冻及解冻程序一般分为四个阶段，第一步，使用冷冻保存稀释液将精液进行适当的稀释。第二步，对稀释好的精液进行缓慢降温，从室温降低到低温（0～5℃），并在此温度下进行适当的平衡，让精子适应低温，为冷冻精液做准备。第三步，将精液进行分装，常用的有两种分装方法，一种是颗粒，另一种是塑料细管，分装后，多用液氮进行冷冻保存。第四步，冷冻精液多用水浴的方法进行解冻，一般为 35℃～40℃水浴或 2℃～5℃水浴。

五、乌骨鸡的人工授精注意事项

在进行人工授精技术时要注意以下几个方面，一是在输精时，每一次输精，最好都要换一个输精器头，减少交叉感染，防止疾病的传播。二是要注意输精时间，一般在每天下午 4 时输精比较适宜，此时大部分母鸡已经产蛋，其输卵管内已不存在硬壳蛋。如果在母鸡未产蛋时输精，输卵管内的蛋会阻碍精子的运行，降低种蛋受精率。三是要掌握输精深度，通常以浅输精较好，输精深度过深容易损伤母鸡生殖器，输精管一般插入输卵管口 2 厘米左右就可以很好地满足输精需要。四是要注意输精次数。一般 3~4 天输精 1 次可以获得较高的受精率，输精 48 小时后就可以收集种蛋。五是要注意输精量。未经稀释的新鲜精液，每次输精 0.02~0.03 毫升，按 1:1 稀释精液输精量加倍。六是其他注意事项：输精速度越快越好，输精速度越快，精子停留在外界环境的时间就越短，精子的成活率越高，受精率也越高。有些母鸡在 11 月龄以后即使采用非常正确的手法也很难翻出输卵管，这样的母鸡一般不产蛋，因此要及时淘汰此类母鸡，这样的母鸡可以用作其他用途而非作种用。有时候在输精过程中可能有个别母鸡输卵管内还有待产蛋，要将其挑出，待其产蛋后再进行输精。

第四节　种蛋的孵化

一、种蛋的管理

1. 种蛋的选择

种蛋的选择关系到乌骨鸡后代的品质，因为不是每一个蛋都可以孵化，也不是每一个蛋都可以得到优秀的后代。种蛋质量影响雏鸡的质量和成鸡的生产性能，种蛋质量决定着乌骨鸡育种与乌骨鸡生产的成败，因此必须对种蛋的质量进行严格把关。

种蛋品质好，其胚胎也发育良好，孵出的雏鸡生活力强，反之孵化率低，孵出的雏鸡难以成活。应选择那些来自高产健康鸡群的蛋作为种蛋，疫区蛋不能作为种蛋。因为种鸡群的某些疾病如鸡白痢、鸡毒支原体等疾病不仅会影响种蛋的受精率，还会通过种蛋传染给雏鸡。因此来自疫区的蛋不宜作为种蛋。同时要选择新鲜的受精蛋作为种蛋，种蛋越新鲜越好，孵化率越高。一周以内的种蛋较好，超过 15 天的蛋不宜做种蛋。

种蛋的选择一般有几个步骤，首先要考虑种蛋的来源，要选择那些稳定高产、繁殖力强、无经蛋传播疾病的种鸡群所产蛋做种蛋。二是凭操作人员的感官来判定，通过种蛋的外观指标来选择，如种蛋的形状、大小、颜色及干净程度来选择种蛋。应选择蛋表面干净，没有粪便污染，蛋形均匀，厚薄适当，大小适中的蛋作为种蛋。蛋形一般以椭圆形较好，小头过尖、两端过长或者过圆的蛋不宜做种蛋；蛋的大小以 35～40 克为宜，过大或者过小的蛋都不适合作种用，蛋过大，不容易孵化，蛋过小，出的雏鸡过小，不易成活，同一批种蛋如果大小不一致，容易造成出雏不整齐。此外蛋壳的颜色也应符合品种要求。同时要剔除沙皮蛋等畸形蛋。三是透视法，通过采用灯光或照蛋器查看气室的位置及大小，查看有无血斑和肉斑等。气室大小可以反映种蛋的新鲜程度，没有气室，或者气室很小说明种蛋很新鲜，是刚下不久的种蛋，如果气室很大，说明蛋放置时间比较长，不宜做种蛋。

还可以查看种蛋的颜色，新鲜蛋的蛋黄呈暗红色或暗黄色，若有蛋黄为灰白色、黏壳蛋、散黄蛋、霉蛋均不应作种蛋。蛋黄或蛋白上有杂斑、黑点的蛋也不能做种用。

2. 种蛋的保存

对于不能立刻入孵的种蛋，应先对其进行保存。种蛋的保存关系到入孵种蛋的质量和种蛋的孵化率。如果收集的种蛋保存不当，会影响种蛋的质量，降低种蛋的孵化率，甚至导致有些种蛋不能孵化。养殖场一般要配备专门的种蛋保藏室，室内保持清洁，门窗完好，可以有效地避免阳光直晒，如果条件允许，可在种蛋保藏室配备空调、排气扇，方便保藏室的温度控制和通风换气。

种蛋保存的环境条件：种蛋的保存需要有适宜的温度，温度过高或过低都不利于种蛋的保存。因为23.9℃是鸡胚发育的临界温度，所以保存种蛋一般不能超过20℃，通常以10℃～15℃为宜。保存时间长，温度适当低一点，保存时间短的话可以相对高点。保存的时候要注意温度的变化，不要一下将温度降低到保存温度，可以慢慢的通过几小时到一天的过程缓慢降低温度到保存温度，避免温度的大幅变化而损害胚胎的活力。

种蛋保存的时间：种蛋的保存时间跟种蛋的孵化率有非常密切的关系，种蛋在温度控制较好的空调房存放两周，种蛋的孵化率只有小幅下降；存放两周的种蛋，孵化率明显下降；超过3周的种蛋，孵化率很低。因此一般以1周以内的种蛋较好，在寒冷的冬季和春季，可保存5～8天，不要超过10天，5天以内较好。在炎热的夏天，一般保存3天以内，尽量不要超过5天。若有条件，可在种蛋库房安装供冷设备如空调，可适当延长种蛋的保存时间。

种蛋保存的湿度：没有入孵的种蛋，随着保存时间的延长，蛋内水分可通过蛋壳表面不断蒸发，其蒸发速度与空气中相对湿度有关，湿度越大，蒸发速度越慢，湿度越小，蒸发速度越快。一般种蛋保藏室的湿度在70%左右，湿度太大容易发霉，湿度太小种蛋水分容易蒸发。采用空调控温时要注意在房间放置水盆或加湿器。

种蛋保存的注意事项：在种蛋保存期间要注意种蛋的摆放位置，通常以大头朝上，小头朝下。如果存放时间比较长，则小头朝上为宜，这样能够保证较高的孵化率。同时保存期内为了避免长时间的保存造成蛋黄黏在蛋壳上，应进行转蛋。保存不超过1周的种蛋不需要转蛋，保存超过1周的种蛋，每天应转蛋1～2次。注意保持种蛋储存室的清洁卫生，注意防止老鼠、蟑螂进出。

　　3. 种蛋的消毒

　　种蛋产出后，蛋壳接触外界环境，容易被环境中的微生物和母鸡自身排泄物污染，一旦细菌微生物附着在蛋壳表面，细菌可通过气孔进入种蛋内部，容易造成种蛋感染，特别是某些病菌如鸡白痢沙门菌、鸡支原体能够通过种蛋进行传播，危害乌骨鸡后代的健康，并且发病后很难净化，严重降低了雏鸡的质量，甚至危害整个养殖场，所以在种蛋收集后应对其进行消毒。

　　通常在每次收集完一批种蛋后进行消毒，在种蛋入孵后还要进行一次消毒。比较常用的消毒方法是熏蒸消毒法，一般是甲醛熏蒸法和过氧乙酸熏蒸法使用比较普遍，此外还有浸泡消毒法以及紫外线消毒。不过现在市面上也有消毒机器出售，可以根据自身养殖场需求进行选择。

　　种蛋的紫外线消毒法：将种蛋放置在种蛋库的紫外灯下40～50厘米照射一分钟，翻转种蛋再照射一分钟即可。紫外线消毒操作比较简单，不过消毒效果跟紫外线的照射时间、照射距离有关。

　　种蛋的浸泡消毒法：将收集的种蛋置于0.1％的新洁尔灭溶液或0.02％的高锰酸钾溶液（高锰酸钾1克，水5升）中浸泡2～3分钟，洗去蛋壳表面污物后立即取出，晾干或用干净毛巾擦干后即可入孵，浸泡消毒法操作步骤相对繁琐，一般适用于小批量种蛋的消毒处理。

　　种蛋的熏蒸消毒法：对于大批量种蛋的消毒可以使用熏蒸消毒法进行消毒。甲醛熏蒸消毒法，可将种蛋放置在一个房间进行统一消毒，一般按照每立方米空间用甲醛42毫升和高锰酸钾21克，室内湿度保持在75％左右，温度在20℃～24℃，关好门窗，熏蒸半小时后进行通风。种蛋入孵后在孵化机中的二次消毒，用甲醛28毫升加高锰酸钾14克熏蒸半小时。如果只在入孵时进行一次消毒，则所用甲醛和高锰酸钾减半，熏蒸时间加倍。在孵化机内消毒时要注意避开 1～4 日龄的胚蛋，以免对胚胎造成伤害。注意消毒前蛋壳表面要保持干燥，否则将会对胚胎造成不利影响，因此如果蛋壳表面有水珠时，要等水珠蒸发后才能消毒。甲醛熏蒸消毒优点是消毒效果较好，可以一次性对大批量种蛋进行消毒，缺点是因熏蒸后产生的气体对人体有害，而且容易污染环境，造成环保问题。也可以使用过氧乙酸进行熏蒸，每立方米 50 毫升过氧乙酸，加高锰酸钾 5 克进行熏蒸 15 分钟，对大部分病原微生物有效。

种蛋的喷雾消毒法：将配制好的消毒液装入喷雾器，喷洒在种蛋表面进行消毒的一种消毒方式。一般常用的喷雾消毒液有 0.1% 的新洁尔灭溶液、0.02% 的过氧乙酸溶液等。喷雾后待种蛋自然晾干即可，喷雾消毒由于蛋表面湿度增加，容易滋生细菌，发生霉变，并且由于喷雾器的局限，容易造成卫生死角。

臭氧消毒机消毒法：在消毒柜或者房间安装臭氧消毒装置，如臭氧消毒机。臭氧消毒法所产生的臭氧对环境无污染，比甲醛熏蒸法或新洁尔灭消毒法要环保，不过操作时要注意按照说明书进行，掌握好臭氧的浓度。

4. 种蛋的运输

种蛋的运输是引进优良乌骨鸡品种、促进乌骨鸡品种交换的重要环节。在对种蛋进行包装时先要剔除破蛋、脏蛋等不合格的种蛋。可以用纸箱或木箱运输种蛋，一般以纸箱为主，如果有特制的纸箱最好，用蛋托将种蛋装好放入纸箱，为了避免种蛋之间的碰撞，可在纸箱内放入干净清洁的碎纸、稻草、木屑、麦秸、谷壳进行填充。放一层种蛋，放一层垫料，轻轻压实后就可以盖上纸箱。如无专用纸箱，可用木箱装种蛋，可在箱底和四周垫上柔软的纸屑、锯木屑或谷壳，避免种蛋之间的碰撞，种蛋数量不多的话也可先用纸包裹种蛋再装箱。装蛋时要将蛋的大头向上或者平放，整齐摆放。做好这些工作后就可以打包、装车了。在装车的过程中要注意轻拿轻放，种蛋易碎，蛋箱上不能放重物，避免碰撞和脚踩，防止种蛋破损。运输种蛋最好使用专用的运输车，装车前要对运输车辆进行彻底消毒。在种蛋的运输过程中要注意防震，以免引起气室移位，蛋黄破裂，引起散黄。如果道路崎岖不平，可在纸箱下面铺一些垫料，如垫一层泡沫板，以减轻震动。运输种蛋的箱子要固定，防止蛋箱随车体晃动。要尽量避免种蛋箱被雨淋湿，种蛋淋雨后，容易霉变。冬天运输种蛋时要注意防冻，炎热的夏天注意避开阳光直射，高温会促进种蛋胚胎的非正常发育，影响种蛋的孵化效果。将种蛋运达之后，要尽快开箱取出种蛋，运输后的种蛋已经不宜再继续保存了，应马上剔除破损蛋，对种蛋进行装盘、消毒和入孵。

二、鸡蛋的鸡胚发育

通常被称为蛋黄的鸡蛋卵黄部分，其实是一个大的卵子细胞。而卵黄中的大部分物质都是营养物质。卵子细胞的细胞核和细胞质集中在一处成为一个小白点，悬浮在卵黄上面，这样的蛋没有受精，是不能孵化出小鸡的。受精卵是在母鸡输卵管的漏斗部，母鸡卵子与公鸡精子结合受精形成，在母体内停留时受精卵也在不断分裂，等到受精蛋从母鸡体内产出的时候，已经是一团细胞。

种蛋产出后胚胎要经过 21 天才能发育成小鸡。第一日，入孵 4 小时，胚胎的心脏和血管开始发育；入孵 12 小时，开始有了血液循环；入孵 16 小时，体节形成；入孵 18 小时，消化道开始形成；入孵 20 小时，脊柱开始形成；入孵 21 小时，神经系统开始形成；入孵 22 小时，头开始形成；入孵 24 小时，眼开始形成。此时的胚盘开始变大变厚，明区和暗区同时增大。照蛋时可见蛋黄表面有一个圆点，俗称"鱼眼珠"。第二日，胚盘扩大了将近一倍，被血管包围，心脏开始形成。此时耳、卵黄囊、羊膜、绒毛膜也开始形成。照蛋时可见卵黄囊血管区形似樱桃，俗称"樱桃珠"。第三日，鼻、翅、腿开始发育，循环系统快速发育。照蛋时可见卵黄囊血管区形似蚊状，俗称"蚊虫珠"。第四日，卵黄继续增大，眼黑色素开始沉积，舌开始形成，大部分器官都已出现。蛋在转动时，卵黄不易跟着转动，俗称"钉壳"。照蛋时，胚胎与卵黄囊血管的形状像一只小蜘蛛，俗称"小蜘蛛"。第五日，羊膜内充满羊水，此时胚胎生殖器官逐渐分化，开始有了两性的差异，心脏完全形成，面部、鼻部也开始有了雏形。眼黑色素大量沉积，照蛋时可以看到黑色眼点，俗称"黑眼"。第六日，尿囊体积迅速增大，尿囊血管快速发育，喙开始形成，躯干部增长，翅和脚已能分辨。照蛋时胚胎的头部和另一端的躯干部形似"电话筒"，俗称"双珠"。第七日，此时卵黄体积达最大，之后开始缩小，尿囊体积比之前增长近2倍，开始有了鸡类的特点，头部和眼部占比较大，翼和喙特征明显，各器官通过肉眼可辨，胸腹腔还没封闭，心脏等器官暴露在体腔外面。胚胎透明度下降，沉入羊水中。第八日，相比第七天，尿囊的体积增长了近一倍，胚胎由卵黄囊呼吸转为尿囊呼吸，胚胎羽毛按一定羽区开始发生，喙分为上下两片，腹腔愈合，肋间出现肺、肝、胃等器官。照蛋时胚胎浮在羊水中，俗称"浮"。第九日，喙开始角质化，伸长并弯曲，软骨开始硬化，心、肝、肾、食管、胃、肠等器官均已形成。胸腹腔完全封闭，各器官已包入体腔。在蛋进行转动时，两边的卵黄容易晃动，俗称"晃得动"。第十日，腿部鳞片、趾开始形成，尿囊血管已经伸展到达了蛋的锐端，整个蛋除了气室都充满血管。第十一日，胚胎背部开始出现绒毛，血管变粗，颜色加深，此时尿囊液最多。第十二日，身躯覆盖绒羽，肾、肠开始有功能。第十三日，身体和头部羽毛进一步增多，腿部出现鳞片。第十四日，胚胎发生转动，头部朝向气室，为出壳做准备。第十五日，翅已形成，嘴已接近气室，此时胚胎多数器官都已形成。第十六日，冠和肉髯完全形成。第十七日，肺血管形成，但还没有进行血液循环，不能进行肺呼吸。躯干、脚、翅增大，出现破壳齿。照蛋时在蛋的小头不能看到发亮的部分，俗称"封门"。

第十八日，羊水、尿囊液都显著减少，眼开始睁开，胚胎转身，喙朝向气室，照蛋时气室倾斜，俗称"斜口"。第十九日，尿囊循环开始退化，卵黄囊收缩，喙进气室，开始进行肺呼吸。照蛋时可见气室内黑影闪动，称为"闪毛"。第二十日，卵黄囊被完全吸收，脐部封闭，尿囊循环完全退化，喙进入气室，用喙进行呼吸，雏鸡开始啄壳，可以听到鸡叫声。第二十一日，小鸡出壳。

三、乌骨鸡种蛋的孵化方法

乌骨鸡种蛋的孵化是指通过自然或者人工的方法，在适宜的温度、湿度等外界条件下种蛋鸡胚变成小鸡的过程。一般有自然孵化和人工孵化两种。

1. 乌骨鸡种蛋的自然孵化

自然孵化是通过母鸡自身来孵化种蛋，自然孵化的优点是孵化温度适宜，利用母鸡自身的温度进行孵化，乌骨鸡有就巢性，母性好，种蛋的孵化率和雏鸡的成活率一般都很高。且母鸡会不时进行翻蛋，节省人力，孵出来的小鸡生活力强，不易生病，可以减少抗生素等药物的使用，雏鸡长大后其肉质中药物残留少，无公害。现在在农村中散养户或者小规模养殖一般仍可采用自然孵化、育雏。

（1）抱窝母鸡的选择

首先要选择合适的母鸡作抱窝母鸡。当母鸡不下蛋，也不出来活动，很少进食，一直待在暗处的窝里，若有人接近，母鸡羽毛竖立，不断地发出咯咯的叫声，表示这只母鸡要抱窝了。因为整个抱窝孵化的时间比较长，母鸡的体力消耗大，比较辛苦，所以选择抱窝母鸡时一定要选那些身体健壮、个头大的母鸡。个子大的母鸡孵蛋面积大。个子小，或者身体瘦弱的母鸡经不起长时间的饥饿，孵蛋面积小，种蛋受温不均匀，没有被母鸡羽翼覆盖的蛋一受凉就没用了。所以不要选择身体瘦小的母鸡抱窝，不然会浪费种蛋。为了防止母鸡抱窝中途不能忍受饥饿和枯燥半途而废，要对抱窝母鸡进行试探。所以当母鸡开始出现抱窝现象时，不要急于选择，可将母鸡多次撵出鸡窝，并用玉米等食物吸引它，能不受诱惑，坚持抱窝的母鸡可以选择进行种蛋孵化。

（2）自然孵化母鸡的饲养管理

自然孵化的母鸡一般每天只需要投喂饲料和饮水各一次即可。可每天在固定的时间将母鸡抱出鸡窝，投喂饮水和食物，待其稍微活动和排便后，再将母鸡撵进鸡窝，可以减少粪便对种蛋的污染。母鸡喂食的时间不要过长，一般在 10～20 分钟为宜，给母鸡投喂的食物要营养并容易消化。冬天母鸡喂食时可用棉絮覆盖种蛋进行保温，母鸡要单独喂食，避免其他鸡只进行抢食。如果母鸡不肯出来进食，要将母鸡抱出进食。孵化期间母鸡会不时翻蛋，要保持抱窝的环境安静，减少噪声对母鸡的干扰，光线尽量暗一点，在冬季注意为母鸡提供温暖避风的抱窝环境，可以铺垫稻草或棉絮进行保温。

（3）踩水

当种蛋采用自然孵化法孵化到大约 18 天时，在给母鸡喂食时，可以打一盆温水，将种蛋放入其中，可以检查是否有死胚蛋。如果种蛋悬浮在水面，露出水面钱币大小，静止一会后便左右摇晃的是活胚蛋，如果浮在水面很久都不动的可能是死胚蛋，如果直接沉入水中的是坏蛋，应淘汰。筛选完后要用干净的干棉布将种蛋擦干然后继续孵化，全程要注意做好种蛋的保温工作。进行踩水可以有效地为种蛋胚胎补充水分，同时也可使蛋壳变脆，利于出壳时小鸡的破壳，还能有效淘汰不合格种蛋，便于集中进行孵化。

（4）孵化出壳管理

虽然一般在孵化 21 天左右出小鸡。但由于孵化的季节不同，雏鸡出壳时间也不尽相同。一般夏季气温高，19～20 天就开始出壳；而冬季由于温度低，有时需要 22～23 天才出壳。

刚出壳的小鸡需要保温，因为小鸡不是一次性出完，可将先孵出的小鸡放入保温箱。小鸡出壳后要对鸡窝进行清理，碎蛋壳要取出。一般小鸡集中在 2 天之内出壳。出壳迟的胚蛋，经再次踩水检验如果发现是活胚，可以人工帮助其出壳。孵出的雏鸡要重新放回母鸡身边。在小鸡出壳 20 小时后，可以喂水，喂水 2 小时后可以投喂碎米或米饭。

乌骨鸡种蛋的自然孵化虽然有诸多优点，但是一次孵化的种蛋数量太少，只适合小规模的乌骨鸡养殖或者是家庭式养殖模式，如果要孵化的种蛋数量大则不适宜采用。

2. 乌鸡种蛋的人工孵化

人工孵化是指人们模仿母鸡的孵化条件对种蛋进行批量孵化的孵化技术，一般在规模化养殖场常用。人工孵化的方法主要有塑料热水袋孵化法、火炕孵化法、缸孵化法、机械孵化法等。目前较为常用的规模化孵化法主要是机械孵化法。

（1）机械孵化法

机械孵化是采用孵化机对种蛋进行孵化技术，具有操作简单、孵化数量大、生产率高、孵化效果好等优点，适用于大、中型乌骨鸡养殖场。

①孵化前的准备工作

在对种蛋进行孵化前应对孵化室进行清扫并彻底消毒。墙壁可用石灰水进行刷白，孵化室可用甲醛进行熏蒸消毒，可按每立方米体积用甲醛 42 毫升加高锰酸钾 21 克，保持温度 20℃～24℃，湿度 75％～80％，密闭门窗，消毒 30 分钟。消毒完毕后要打开门窗进行通风换气。孵化室内要温度适宜，一般保持在 20℃～22℃为宜，相对湿度 60％左右。孵化室的窗子要小，方便保持温湿度，同时最好要有专门的通气孔或风机以保持良好的通风，为孵化室提供充足的新鲜空气。

孵化前要对孵化机进行检修、消毒和试温。入孵前要对孵化机的线路、零部件进行检修，查看水管有无漏水，温控系统是否正常工作，照明灯亮不亮等，确保机器的正常运行，以免孵化中途发生停电、停止运行等事故。孵化机要清扫干净，并进行消毒，一般在孵化机清洗后用甲醛进行熏蒸，可按每立方米体积用甲醛 42 毫升加高锰酸钾 21 克，装在搪瓷盆内，放在孵化机底部，调整温度 24℃以上，相对湿度 75％以上，熏蒸半小时，再开孵化机门进行通风，同时在种蛋入孵前要对孵化机进行试温 2～3 天，如果机器能够正常运行，温度、湿度控制稳定，表示可以入孵。

②上蛋

等孵化前准备工作做好之后，就可以上蛋孵化了。种蛋放入孵化盘时要注意将大头朝上，小头朝下。从种蛋保存库取出的种蛋由于保存期温度较低，入孵前 6～12 小时，要先将种蛋放在蛋架上进行预温，也可在入孵前 4 小时放置于 23℃～25℃的环境下预热。一般选在下午 4～5 时入孵，方便白天出雏，每周可上蛋 1～2 批。可以根据自身孵化场的设备、种蛋的供应、出雏能力、出雏后的销售情况等来决定每批入孵种蛋的数量及每周上蛋的批数。

③移蛋（落盘）

在孵化的后期、出雏之前，一般是第 18～19 天，将孵化机内的胚蛋移入出雏机中，并停止翻蛋，为出雏做准备。落盘之前要进行照蛋，并先对出雏机进行预热，温度达到出雏的温度，并增加湿度，利于出雏。如果提前落盘，则参数要进行适当调整。

④出雏

一般种蛋入孵 20 天后就开始出雏。此时一般温度控制在 37.2℃～37.4℃，湿度在 70％～75％。要及时捡出绒毛已干的雏鸡放入出雏箱，置于 30℃～35℃的暗室中，使雏鸡充分休息，为进入育雏舍做准备。

四、孵化条件及管理

从种蛋孵化出小鸡的过程是一个鸡胚发育的过程。鸡胚发育成小鸡除了需要由自身蛋黄储存的营养物质提供所需营养外，还需要适当的温度、湿度等外部条件。孵化的过程其实就是为鸡胚发育提供适宜的外界条件的过程。下面主要对人工孵化的条件和管理进行简单介绍。

1. 孵化温度管理

孵化温度关系到鸡胚的生长发育，决定着孵化的成败，温度控制的好坏关系到种蛋的孵化率和养殖场的孵化业绩。一般鸡胚发育所需的温度为 37.2℃～38.2℃，只有适合胚胎发育的温度才可以使受精的种蛋发育成健康的雏鸡。胚胎在温度低于 26.6℃ 时不发育，高于 40℃ 胚胎容易烧死。同时因胚胎所处的发育阶段不同，对温度的需要也不一样。温度太高，胚胎容易死亡，温度低，胚胎发育迟缓，严重时会冻伤胚胎，引起死亡。当种蛋采用分批入孵时一般用恒温孵化，即整个孵化阶段温度一致，利用老蛋带新蛋温度一般控制在 37.8℃ 左右。当种蛋入孵采用整批孵化时一般采用变温孵化，可以根据鸡胚的发育阶段进行不同温度调节。一般采取孵化前期高，后期低的温度管理模式，因为鸡胚前期小，体温调节能力比较差所以温度要高一点，到了孵化的中后期，随着鸡胚的生长发育，其体温调节能力增强，因此温度要低一些。到了孵化后期，鸡胚基本发育成熟，加上自身可以产热，温度要更低一点。一般在孵化的头一周温度控制在 37.8℃～38℃，孵化 7 天后温度为 37.6℃～37.8℃，入孵 13～18 天为 37.2℃～37.6℃，孵化第 20～21 天为 37℃～37.2℃。可以根据自身养殖场的实际情况和孵化季节对孵化温度进行适当调整。在孵化前要对孵化器进行检修，保证孵化工作的顺利进行。孵化期间要保持温度平稳，避免温度突然变化，影响鸡胚的发育。一般孵化室内温度保持在 22℃～26℃ 较好，低于 20℃ 或者高于 27℃ 都不利于种蛋孵化，高于 27℃ 要考虑进行通风换气，如果高于 30℃ 要考虑采用空调设备进行降温，低于 20℃ 要注意室内保温，如果温度特别低也可以采用加热设备或者空调进行加温。

2. 孵化湿度管理

湿度具有导热作用，在孵化初期，由于胚胎发育不完善，自身产热较少，对温度的调节还不完善，适当的湿度才有利于使胚胎均匀受热；而在孵化后期，随着鸡胚发育成熟，体内产热增多，适宜的湿度有利于胚胎的散热；在出壳阶段，适宜的湿度可使蛋壳变脆，有利于雏鸡出壳。孵化期间湿度控制一般采取前期较高，中间低，后期高的方式，前期相对湿度一般在60%～65%，有利于胚胎羊水和尿囊液的形成；中期50%～55%，可促进胚胎羊水和尿囊液的排出，后期65%～70%，出雏时保持70%～75%。有利于小鸡出壳，避免雏鸡绒毛粘壳。

湿度变化对鸡胚的影响没有温度变化那么剧烈，通常一定范围内的湿度变化不会大幅降低孵化率。不过湿度变化会降低雏鸡的品质。如果空气中相对湿度过大，会使鸡胚尿囊液的蒸发减慢，使雏鸡出壳延迟，鸡体含水过高，造成雏鸡大肚皮、身体较软、笨拙，反应迟钝；如果空气中相对湿度太小，会导致胚蛋水分蒸发加快，容易使雏鸡提前出壳，孵出的雏鸡因水分含量少，绒毛干燥、身体干瘦，还会粘壳。在控制湿度时当发现相对湿度过大，要减少水盘；相对湿度低，要增加水盘。如果水盘中水量太少，则需要加水，冬天加温水，夏天加凉水，以提高相对湿度。孵化室的相对湿度可保持在60%～70%。湿度太大，可加强通风，促进水分蒸发，湿度太小时，可向地面多洒点干净水，以增加湿度。

3. 通风

在乌骨鸡的孵化期间，胚胎要不断吸收空气中的氧气，并且排出二氧化碳，因此需要新鲜的空气，才能保证胚胎的正常发育。通风可促进室内空气流通，保持空气新鲜，提供充足的氧气，减少空气中二氧化碳的含量，促进胚胎的发育，所以在种蛋的孵化过程中进行通风换气是非常必要的。

孵化室内通风效果好，能够及时排出胚胎呼出的二氧化碳。一般来说蛋周围空气中二氧化碳的浓度不能超过 0.5%。如果空气中二氧化碳的浓度超过 1%，胚胎发育迟缓，胚胎死亡率提高。在孵化初期，因为胚胎较小，所需氧气不多，头两天可以从蛋内得到，因此不需要打开所有的通气孔，可以每天定时通风 2 次左右，每次 2~3 小时；孵化的中期和后期，随着胚胎的发育，胚胎不断长大，将孵化器的进出气孔打开，进行持续通风换气，尤其是在出雏阶段，更需要持续通风，避免空气不流通将雏鸡闷死。冬天在通风的同时要注意保持孵化温度。一般来说通风越好，散热越快，水分蒸发快，空气相对湿度要小；如果通风不良，散热慢，水分蒸发慢，空气中湿度高。因此在通风时要注意综合考虑通风、散热、湿度之间的关系，根据需要来调节通风口的大小及通风强度。

4. 翻蛋

在孵化过程中一般要进行翻蛋，翻蛋可以调整胚胎的位置，使鸡胚受热均匀，减少胚胎和蛋壳的粘连，还可以促进胚胎的发育。在自然孵化时，翻蛋工作是由母鸡进行，据观察，母鸡一天用爪和嘴翻蛋数次。采用人工孵化时，从入孵第一天开始，应该每天翻蛋，一般 2~3 小时翻蛋 1 次，翻蛋的角度一般在 45 度以内，要缓慢均匀。不过孵化 17 天以后就不需要翻蛋了。孵化期间长时间不翻蛋容易导致胚胎与蛋壳粘连，导致鸡胚畸形，降低孵化率。

5. 凉蛋

凉蛋是当种蛋孵化到一定阶段，断开孵化器电热设备，打开孵化机门，使胚蛋降温的过程。在整个孵化期，特别是胚胎发育的中后期，胚胎会产生许多热量，凉蛋可以有效地帮助降温。同时凉蛋还能够促进孵化器内空气的流通，排出孵化器内的污浊空气。适度的低温还可以刺激胚胎，促进胚胎的发育，提高雏鸡出壳后对外界温度的适应能力。凉蛋可与翻蛋一起进行。凉蛋的次数和时间长短可以根据不同的孵化阶段和孵化季节来调整。在孵化早期和寒冷的冬天不要凉太久，不然胚胎容易受凉，一般凉蛋 5～10 分钟，凉蛋次数可以少一点。在孵化后期胚胎发育快，产热多，还有炎热的夏季，当环境温度在 30℃以上时，凉蛋时间要稍微长一点，凉蛋次数可以多一点，一般每次凉蛋 30～40 分钟。在凉蛋时，可以将加温按钮关上，让风扇照常运行，打开孵化器的机门，待蛋壳表面温度下降至 32℃～34℃停止凉蛋。

6. 照蛋

照蛋也叫验蛋，可以在孵化期间检查胚胎的发育情况。在种蛋孵化期内进行照蛋，可以及时了解鸡胚的发育情况，判断孵化条件是否适合孵化，以便及时作出调整。照蛋最好在专门的照蛋室进行，室内应设遮光窗帘，温度一般要求在 25℃以上。没有照蛋室的话也可选择晚上在孵化室进行照蛋。通常整个孵化期照蛋 2～3 次，第一次照蛋称为头照，通常在孵化的第 5～6 天，此时照蛋可以检出无精蛋或者破壳蛋。发育正常的胚蛋在照蛋时可以看到黑色眼点，俗称"黑眼"，血管呈放射状，蛋为暗红色。弱胚蛋血管细小，蛋色浅红。无精蛋颜色为淡黄色，看不到血管和胚胎。二照一般在孵化第 19 天进行，发育正常的胚蛋可见气室有黑影闪动，俗称"闪毛"，死胚蛋体发凉，无"闪毛"，气室较小，不倾斜。腐败蛋呈紫黑色，有臭味。二照可与结合落盘进行。为了避免漏检，在孵化的中间阶段可以视情况进行照蛋抽检，可以进一步提高无精蛋、死胚蛋的检出率。

7. 落盘

落盘是指在种蛋孵化到第 18～19 天时，人工将胚蛋转移到出雏盘内，移入出雏器的过程。移蛋落盘时，孵化室内温度要保持 22℃～25℃，落盘要快，一般在半小时左右完成，落盘时间太长造成种蛋温度下降，不利于鸡胚的发育。每一次落盘蛋数要适量，蛋数太少怕温度不够，导致出雏时间延长；蛋数太多，胚胎热量不易散出，胚胎容易被烧死。在落盘时应适当降低孵化温度，提高相对湿度，温度一般为 37.1℃～37.2℃，湿度为 70%～75%。

8. 拣雏

胚蛋孵化到第 19 天半的时候就有一些胚蛋开始琢壳，胚蛋孵化到第 20～21 天，将会大量出雏，所以要及时将雏鸡拣出。如果是整批入孵的种蛋一般只要拣雏 2～3 次。而分批入孵的种蛋，由于出雏时间不一致，每隔 3～4 小时要将脐部收缩良好、绒毛已干的雏鸡拣出，绒毛未干、脐部凸出肿胀的小鸡不要拣出，等下次拣雏时再拣。拣雏动作要轻，速度要快，拣出雏鸡的同时，也要将空蛋壳拣出，以免蛋壳粘在胚蛋上，造成胚胎窒息死亡。

9. 人工助产

在出雏后期对一些出壳困难的胚蛋，可借助人工的力量帮助其出壳，也叫人工助产。助产时用手将蛋壳轻轻剥离，待胚胎头部露出壳外，可以停止剥壳，让胚蛋自行出壳。在孵化后期如发现破壳不足三分之一，内膜发白、湿润，血管清晰并充血，就可以进行人工助产了。对于那些内膜发干，粘住胚胎的胚蛋，可先用温水稍微湿润再进行人工助产。人工助产时要小心操作，防止撕断血管，造成胚胎死亡或雏鸡伤残。

10. 孵化后期管理

胚蛋孵化 21 天后，大多数雏鸡已经出壳，要做好出雏后的清理工作。要将那些颜色发黑，手摸发凉的死胚蛋及死雏拣出。捡出死雏和死胚蛋后，把剩余活胚蛋集中放在出雏盘上，适当提高出雏机温度 0.5℃～1℃，使其尽快出雏。

11. 孵化管理注意事项

在孵化前首先要对孵化室和孵化器以及相关用具进行彻底消毒，一般在种蛋入孵前一周进行。孵化前消毒工作做好后，要对孵化机进行检修和调试，保证温度控制和湿度控制的精确性，查看翻蛋装置能否正常运行，风扇能否正常运转，其他零部件是否齐整，指示灯亮不亮。发现问题，应及时修理。再重新调试，直到孵化器可以正常运转，温度、湿度相对稳定，种蛋就可以正式入孵了。

做好孵化前的准备工作之后就可以选择种蛋了，要选择新鲜的种蛋入孵，脏蛋、异形蛋要剔除，种蛋入孵前要进行消毒，可用0.1％的新洁尔灭溶液进行喷雾消毒或者浸泡消毒。消毒晾干后，种蛋就可以入孵了。在码盘时要将种蛋的大头朝上，不然鸡胚难以得到大端气室的空气，影响胚胎的正常发育。种蛋入孵的时间一般选在下午5时以后或晚上12时以后，因为这样会在白天出雏，方便捡雏。

每完成一批种蛋的孵化，要及时对孵化器进行清扫。取出出雏盘、水盘等用具，用消毒水浸泡洗刷，再用清水冲洗后，晾干、曝晒。

在孵化过程中有时会遇到停电现象，可能是电源断开或孵化器出现故障，可以采取以下应对措施：首先立刻对电路进行检修，看能否恢复供电，检修孵化器，看孵化器能否继续运行。停电发生在入孵10天后，要立即打开孵化器的门，促进积热散发后，同时做好孵化室的保温工作。在寒冷的冬天要将室温提高到27℃以上。如果确定孵化机不能通电，在停电半小时内可用塑料桶或者盆装上热水作热源，放到孵化器内。每隔一定的时间，感觉水凉了要及时更换热水。孵化器中热水桶不要太靠近种蛋，可在一定程度上缓解停电对孵化过程的影响。如果停电发生在种蛋入孵10天内，可暂时关闭孵化机的进出气孔，关上孵化机门。如果停电发生在孵化的中后期，则每15～20分钟转蛋一次；每2.5～3小时开门一次，促进孵化机内积热散出，避免将胚胎烧死。如果停电发生在孵化17天后，此时胚胎可产生大量热量，要尽快移蛋落盘，防止胚胎长时间闷在孵化机内导致其热死。

第六章　乌骨鸡的饲养管理

乌骨鸡属于小体形鸡，初生雏体重31～33克，成年鸡体重1～1.2千克，肉用商品乌骨鸡的饲养周期一般为100～120天，雌鸡一般24～26周龄开产，产蛋高峰期产蛋率为60％～65％（31～33周龄），年产蛋80～100枚/只。乌骨鸡采食量少，就巢性强，怕冷、怕潮湿，规模化饲养对饲养管理条件和水平要求较高，如饲养管理不当，容易引发疾病，甚至死亡，造成养殖效益低下。因此需要对乌骨鸡进行精心饲养和科学管理。其饲养管理根据生理特点可人为划分为雏鸡阶段（0～6周龄）和育成阶段（6～16周龄）。乌骨鸡的饲养方式有散养、笼养等多种方式，饲养者需根据自身条件和经济状况选择不同的饲养方式。

第一节　雏鸡的饲养管理

育雏，就是指0～6周的雏鸡，即从小鸡破壳而出到6周龄这段时间，由于乌骨鸡属于体形较小的品种，也可以将育雏时间延长至8周龄。育雏的主要目标就是追求高的成活率和高的均匀度，其均匀度包括体形、体重、抗体、健康及性成熟均匀度等众多考核指标。

育雏工作做得好有利于增强雏鸡抵抗力，有利于提高成活率，有利于卵黄按时吸收，有利于控制弱小鸡的发生，可为育成和产蛋打下一个良好和坚实的基础，为日后的高产、稳产提供先期保障。因此，育雏的好坏直接关系育成鸡的生长发育、蛋鸡的产蛋率、肉鸡的肉用价值，是关乎养鸡成败的关键时期，有资料表明，育雏的重要性占饲养全期重要性的 50% 以上。因此育雏是一项非常重要，但繁琐且细致的工作。

一、雏鸡的生理特点

育雏期是乌骨鸡养殖生产中比较难养的阶段，很多初入乌骨鸡养殖的养殖户，都在为怎么养育雏鸡而感到迷茫。要做好育雏期的饲养管理，首先要了解雏鸡的生理特点，再根据雏鸡的生理特点采取科学、高效的育雏方法，提高育雏效果。

生长速度较慢。相比其他品种的雏鸡，乌骨鸡雏鸡体形较娇小、生长速度较慢、活力较弱。一般在整个育雏期内只增重 200~250 克。因此，雏乌骨鸡相比其他品种更需要精心管理。

生长代谢旺盛。雏乌骨鸡虽然体形小，但生长代谢旺盛，研究表明，与出壳体重相比，2、4、6 周龄体重分别为出壳体重的 4、8、15 倍，因此，整个育雏期间必须供给营养搭配合理的全价饲料。同时，由于育雏舍养殖密度大，雏乌骨鸡代谢旺盛，呼吸频率很快，耗氧量大（单位体重耗氧量是成鸡的 3 倍），需要育雏鸡舍具有良好的通风性能，能保证新鲜空气的供应。

体温调节机能差。同其他品种的雏鸡一样，刚出壳的乌骨鸡体温调节机能不完备，且绒羽稀、脂肪少、散热快、产热少，故雏乌骨鸡御寒能力差。研究表明，刚出壳的雏鸡体温较成年鸡低 2℃~3℃，必须配备加温设施维持适宜的室温。体温调节机能会随着日龄增长，在 2~3 周龄后才能逐渐趋于完善。因此外界温度的剧烈变化会对雏乌骨鸡造成非常大的刺激，消化吸收能力弱。雏鸡消化器官还处于发育阶段，消化道短，容积小、进食量有限。同时，消化腺发育不完全，消化酶分泌量少、活性低，消化能力差。因此，雏鸡饲料颗粒大小要适宜，营养要均衡，浓度需比较高，粗纤维含量不能超过 5%，饲喂要少吃多餐，每次以吃完为宜，免疫力低，抗病能力差。幼雏由于免疫系统处于发育阶段，对各种疾病的抵抗力弱，免疫系统不能正常发挥保护作用，极易招致细菌、病毒的感染。在此情况下，在饲养管理上稍有疏忽，即有可能患病。乌骨鸡敏感性强，适应力差。对环境变化很敏感，群居性强、胆小易惊、缺乏自卫能力，对外界的异常刺激非常敏感，易引起混乱，初期易脱水。刚出壳的雏鸡体内含水率在75％以上，很容易在呼吸过程中失去很多水分，造成脱水，特别是在干燥的环境中长时间存放，雏鸡会因呼吸失水过多而增加饮水量，影响消化功能。

二、育雏方式的选择

育雏期间的饲养管理方式称育雏方式，乌骨鸡的育雏方式与其他品种的鸡基本相同，可按其占用地面和空间的不同分为地面平养、网上平养和立体笼养等三大类。这三类养殖方式各有其优缺点，养殖户可根据饲养乌骨鸡的数量、场地条件、设备设施等自身条件和经济状况选择合适的育雏方法。

（1）地面平养

地面平养是指直接在土地面或水泥地面上铺设一层锯末、谷壳、干杂草或稻草等垫料，雏鸡在垫料上采食、饮水、生活活动的一种没有笼舍的育雏方式，主要适用于小型散养养殖户或小规模专业户，很少有规模化集约化的养殖场选择地面平养，具有投资较少、节省劳力、简便易行，且雏鸡活动空间大、应激小、增重快、成活率高、残次品较少的优点，但也有饲养密度小、占用面积大、舍内灰尘较多、垫料处理麻烦和疾病难以控制等缺点。

对育雏舍的要求：育雏舍一般应设计成东西走向、坐北朝南的长方形，长十几米至几十米不等、宽五米至十五不等。在南方地区可以修建成砖土结构的带窗半开放式鸡舍，但在冬季要注意保暖，以防止雏鸡受寒；在北方地区最好修建成全封闭式的鸡舍，以便控制鸡舍环境。鸡舍面积的大小可视养殖规模、地形地貌具体情况而定，一般不宜设计太大。按照每批育雏1600～2000只规模设计，需用保温板或砖修建长 20 米、宽 5 米、高 2.5 米的育雏舍，再用铁丝网横向将其分隔成 4 间，每间用 8 个取暖灯作为热源取暖。

对垫料选择的要求：垫料首先应选择干净、清洁、没有发生霉变的材料，否则易引发雏鸡发生白痢等肠道疾病，增加疾病发生概率。其次要选择质量轻、弹性强、大小适中、吸水性强、含水量低、导热性差的材料，因垫料弹性、含水量直接决定了垫料的舒适度，间接影响着雏鸡的生长发育和疾病控制。此外，垫料的选择还要考虑经济实惠、来源稳定、方便处理等因素，故须选择价格低、来源广且容易进行无害化处理的原料。目前养殖场选择较多的垫料主要有稻草、秸秆、干杂草、谷壳、木屑、锯末和薯渣等，一般结合当地资源，因地制宜地选择来源可靠垫料，例如在南方地区大多选择稻草、谷壳等；北方地区可选择甘薯渣、高粱秸秆等。

（2）网上平养

网上平养是指在离地面 0.5～1 米高处搭设漏缝网床，雏鸡在漏缝网床生活的一种育雏方式。相对于地面平养方式，网上平养方式利多弊少，最主要的区别是减少了雏鸡与粪便接触的机会，可有效控制通过粪便传染的疫病。网上平养主要适用于中小规模化养殖户，具有节省垫料、设备简单、管理方便、便于控制球虫病、消化道疾病等优点，但也有投资较大、鸡舍利用率不高、腿部疾病较多等缺点。无论是地面平养还是网上平养一般都适用手工操作，机械化程度不高，一般较少配备自动喂料、供水等设备。网上平养的鸡舍建设要求与地面平养方式基本相同。

对于漏缝网床的要求：漏缝网床一般搭建在距离地面 0.5～1 米处，网床大小要根据鸡舍面积灵活调整，一般根据鸡舍宽度大小分为靠房屋两侧的双列结构—过道式和三排结构两过道式。四周用网围挡，并预留 0.5～1 米宽的过道，分为净道和污道，用于清洁、运输、喂料等工作。网床材料可以选择竹质网、塑料网、金属网或镀塑网等类型，网眼大小以雏鸡爪不能进入而鸡粪能落下为宜，常用的规格为 1.0～1.25 厘米不等，网眼形状有圆形、三角形、六角形、菱形等多种形状。

（3）立体笼养

立体笼养是一种集约化、标准化的现代养鸡方式，主要通过搭建多层特制笼子来实现上下立体养鸡的方式，可分为直立式三层笼养和阶梯式三层笼养两种形式。立体笼养方式是规模化、集约化养殖的必然发展趋势。立体笼养与其他方式相比，充分利用了鸡舍空间，提高了养殖密度，可采取机械自动化设备，有利于疾病的预防和控制，具有占地面积小、料肉比低、环境可控、便于管理等优点，很适合大规模养殖。但是立体笼养方式对育雏设备设施要求较高，需要安装立体鸡笼、风机、水帘、机械清粪、自动饮水等设施，故前期投资较大。同时，由于立体养殖鸡群密度大，需要更多的精力来照看，对饲养管理水平要求较高。

对育雏舍的要求：阶梯式三层标准化鸡舍是以保温板为基础材料建造的密闭式鸡舍，标准尺寸为：总长度为 88～90 米，总宽度约为 15 米，脊高为 3 米，按标准设计有利于自动化设备的采购与配套，也有利于通风和粪便处理。

对立体鸡笼的要求：舍内共需放置共 58 组三层四列四过道式鸡笼，每组过道 1.4 米，整体笼高 1.82 米，每个笼高 0.42 米，底层笼架间距 0.15 米，每个笼架中设 1.5 米宽过道。在安装标准化鸡笼时需将地面挖出约 1 米凹槽，离最底层鸡笼 30～40cm 即可，便于水冲洗清理鸡粪和消毒。

三、育雏前的准备

刚出壳的乌骨鸡较其他品种体小娇嫩，对环境条件的变化十分敏感，如果管理不善，很容易引起大规模发病及死亡，将造成严重的经济损失。为了使雏鸡有适宜的生长环境，能快速生长发育，确保育雏工作顺利进行，必须做好各项育雏前的计划准备工作，并制订完整周密的育雏计划。

以接雏时间为节点，在接雏前两周，一要制定资金预算和工作人员制度，如进雏数量预算、饲料购买预算、设备设施采购预算和人员培训等详细资金预算，预算必须按实际基础条件等进行计算。预算过多，会造成鸡舍浪费，资金利用率不高；预算过低，导致设备不足、饲养密度过大，会影响鸡群发育。二要检修鸡舍基础设施，为了确保鸡舍的保温性能，要对鸡舍的门、窗、顶棚、笼具及管道等基础设施进行全面检修，如有破损的要修补好，确保门窗不漏风、饮水器不漏水，鸡笼不跑鸡。三要采购并安装好育雏用具和设备，如电保温伞、取暖灯、照明灯、温度计、湿度计、饮水器和食槽等保温设备和育雏用具，按每 100 只鸡需 3～5 个 3 升供水器的标准准备饮水器，温度计、湿度计一个鸡舍最少准备 3 个以上。育雏用具可根据饲养方式因地制宜地选择合适的用具，原则是方便日常使用、方便消毒清洁。在出雏前一周，为了减少雏鸡疾病的发生，特别是使用过的旧鸡舍，必须在接雏前一周将育雏舍（包括地面、墙壁、顶棚和笼具）进行严格消毒，并清扫干净。地面消毒可打扫干净后用 3% 烧碱水消毒 1～2 次，墙壁消毒可用 10% 生石灰刷白进行消毒，用具消毒等可冲洗干净后用 1%～2% 烧碱水喷洒 1 次，并在太阳下曝晒，对于稻草、谷壳等垫料应在阳光下反复翻动进行曝晒，对育雏舍周边可撒施生石灰进行消毒。对于鸡舍消毒，有条件的养殖场可以采用熏蒸法，即在封闭好门窗缝隙后，用 30～40 毫升/米³ 的福尔马林、15～20 克的高锰酸钾、16 毫升水，对房舍和器具进行熏蒸 24 小时以上，其间保持温度 20℃ 左右，禁止人、物进出。消毒后要空舍 1 周，关闭鸡舍待用。

在接雏前 1～2 天，一要准备好雏鸡专用全价饲料、药品、疫苗和消毒药物。如需要垫料的，准备适量干燥、清洁的稻草、谷壳、秸秆和锯木屑等作为垫料，并铺设好垫料层。雏鸡饲料需要量按 0～6 周龄累计饲喂 750～800 克计算，饲料准备量以一周吃完用量为宜，育雏期所用疫苗根据本地疾病流行情况制定免疫程序。二要鸡舍预温。保温设备调试好后要试运行供温设备（煤炉和电炉等）、加湿设备（加湿器等）和照明设备，观察室温是否平稳与均匀，记录好升温速度和最高温度，并对育雏舍提前供暖，将舍内温度恒温至30℃～34℃，在雏鸡到达前升至"合适、舒适"的体感温度，这有利于雏鸡快速适应环境，加速对卵黄的吸收。

四、育雏期的饲养管理要点

（1）接雏与转运

选雏。选雏就是将特别大的、小的、残弱的、卵黄吸收不良的、毛色不符合品种标准的鸡只挑选出来淘汰掉。否则，将来很难得到理想的"鸡群"。

运输。运输相当于"娶亲"，也就是将雏鸡安全地从孵化室接回来。运输路上要注意防风、防雨、防热、防闷、防冻、防堵、防颠、防脱水等，以免使雏鸡发生应激事故，有条件的最好选用空调车运输。

接雏。接雏就是当雏鸡到达后快、稳、准、安全地将雏鸡从运输车上转移入育雏舍内。雏鸡要均匀散布在育雏舍内，要尽量放在离开食盘、水塔、开食布近的地方，以方便开食。

（2）饮水与开食

刚出壳的雏鸡第1次喂料进食称为开食。育雏开食的原则是少量多次要适时。少量就是每次添加不宜太多，当次3～5分钟内吃完为宜。多次就是要勤喂料，前7天每隔30～60分钟添加一次，昼夜喂料，1～2周后改用食槽或平槽，每天饲喂6～7次，15天后每天饲喂5～6次。适时就是开食不能太早也不能太晚，一般在出壳后25～35小时进行。

育雏料必须新鲜，且含有高能量高蛋白，一般直接购买雏鸡专用料，但饲料品种一旦选定，不可随意多次更换不同品牌饲料，以免影响雏鸡采食。7天以后可饲喂经浸泡过的碎玉米、碎大米和小米。除了饲喂配合饲料外，还可以饲喂适量的青绿饲料和动物性饵料，如新鲜嫩菜叶和黄粉虫等，约占饲料总量的10%，随日龄的增加可增加至饲料总量的20%～30%，还可添加一些维生素和大蒜素等，既可促进食欲，还可增强抗病能力。在育雏过程中，前1周饲料可撒在平底料盘或用有色塑料布（最好白色），以吸引雏鸡吃食，1～2周龄后应适量喂给干净的细沙，促进雏鸡消化。

雏鸡放入育雏室后应在开食之前尽早供给饮水，在炎热的夏季，一般在出壳1～2小时后即可饮水，不仅可以补充雏鸡损失的水分，还有利于促进肠道蠕动，排出胎粪。初次饮水最好是18℃～20℃的凉开水，即使夏季也应不低于20℃，1周后可改用自来水或深井水。为了提高育雏成活率和改善育雏效果，可在水中添加3%～5%葡萄糖、电解多维等，有条件的可添加益生菌等物质，这有利于雏鸡肠道有益微生物菌群的建立。如果鸡苗健康状况良好，不建议在饮水或饲料中添加抗生素和抗菌类药物。此外，应随时保证水源充足及饮水器清洗干净，如有饲料或粪便掉入，要及时清理，每天对饮水器清洁消毒，同时要保证饮水器不漏水，防止渗湿垫料和饲料。

（3）温度与湿度

育雏期间，室温应随着日龄的增长逐步降低，一般气温高的时节在3～4周龄离温、气温较低的时节在5～6周龄离温，这个过程即雏鸡的脱温（但需保持在33℃～18℃之间）。具体脱温的时间，还应根据季节性、雏鸡体质状况及外界气温变化等因素灵活掌握，当室外气温还比较低，且昼夜温差较大时，需延长供温时间，脱温后夜间要注意观察鸡群动态，防止挤堆压死。脱温期间温度控制应遵照以下原则：①循序渐进降低其体感温度，不可突然改变温度，以免引起应激；②尽可能保持舍内温度均匀，不可有贼风。温度调节具体可为：地面平养：第1～3天温度要保持在33℃～30℃，第

4 天至 2 周为 30℃～28℃，第 3 周为 28℃～26℃，第 4 周为 26℃～24℃，第 5 周为 24℃～21℃，第 6 周为 21℃～18℃。

选择立体笼养方式的要注意由于立体笼养密度大，上、中、下三层鸡笼有温差，而且室外温度越低，温差就越大，故要特别注意下层的雏鸡反应，相比地面平养，立体笼养室内温度要低 1℃～2℃。

在实际工作中要根据季节、天气变化等灵活调节温度，除直接观看温度计外，观察雏鸡行为变化是衡量育雏室内温度高低的重要途径。温度正常时，雏鸡精神活泼，自由好动，不张口呼吸，不打堆，均匀分布在室内，饮水采食正常；温度高时，雏鸡远离热源，呼吸频率加快，频繁喝水，仔鸡倦怠、张翅、张嘴、气喘，此时需要采取措施缓降温度；温度低时，鸡群则扎堆挤作一团，靠近热源聚集，并发出叽叽叽的叫声，此时应采取有效升温措施。

在保温的同时，育雏室还应具备一定的通风性。通风既可调节室内温度和湿度，还可排出有害气体，保持空气新鲜，减少空气中尘土。通风与保温是一对矛盾，通风时，要时刻注意观察雏鸡群，以鸡群的表现及舍内温度的高低，来决定通风的次数与时间长短，一般通风时间不宜过长，气流不宜过快，每次 5～10 分钟即可，每天上下午各 1 次，可在通风前临时提高室温 2℃～3℃然后再通风，以保证空气流通又不影响室温为宜。同时，要特别注意避免将冷空气直接吹到雏鸡身上。当外界环境温度大幅度下降的时候，要及时打开供热设备以提高室内温度，避免雏鸡受凉。

育雏 10 日龄前，舍内湿度应保持在 60%～70%，10 日龄后为50%～60%。控制原则是前期不能过低，后期应避免过高，全程不可忽高忽低。若湿度过低，影响卵黄吸收，雏鸡易感冒，同时舍内羽屑尘埃飞扬，易诱发呼吸道疾病，严重时会导致小鸡因脱水而死亡，特别是在北方地区，育雏前期湿度普遍偏低，此时应打开加湿器，或通过洒水、喷雾等多种措施增加育雏室内湿度。湿度过高，影响水分代谢，有利于病原微生物的滋生，易繁殖病菌和原虫等，雏鸡易患各种疾病，尤其是球虫病。

（4）密度与光照

雏鸡的饲养密度为每平方米面积内饲养鸡只的数量。雏鸡的饲养密度要根据雏鸡的品种、育雏方式、季节温度和日龄等具体情况加以调整。饲养密度以雏鸡分布均匀，行动自在，无明显集堆，睡态伸展舒适为标准；密度过大，鸡群过于拥挤，容易造成采食不均匀，鸡只发育不良；密度过小，栏舍利用率不高，既不经济也不利于保温。

不同饲养方式的饲养密度不同，地面平养时密度要小些，立体笼养比地面平养饲养密度可大些。冬季可适当增加饲养密度以利于保温，夏季则应适当减小饲养密度。饲养密度要随着日龄的增长，要及时扩栏以提供更宽阔的活动面积，使饲养密度适当降低。

地面平养饲养密度：1～2 周龄 30～35 只/米²，3～4 周龄 20只/米²，5～6 周龄 12～15 只/米²。网上平养饲养密度：1～2 周龄40～50 只/米²，3～4 周龄 20～30 只/米²，5～6 周龄 15～25 只/米²。立体笼养饲养密度：1～2 周龄 50～60 只/米²，3～4 周龄40～50 只/米²，5～6 周龄 20～30 只/米²。

雏鸡进行合理的光照有利于其正常采食和休息睡眠，灯泡应设立在食槽和水槽附近，并高低错开，便于雏鸡饮水和采食时取暖，光照强度以每 15 米² 安装 2 个 40～60 瓦的白炽灯泡为宜。光照控制应遵循的原则：①时间不宜过长，且逐渐缩短；②时间不可忽停忽照，强度不可忽强忽弱；③光照不能过强，尽可能保持照度均匀。

光照控制具体可以参考以下操作。一般前 1～3 天要保证 23～24 小时光照，使雏鸡快速适应环境，促进其饮水和采食，以后光照时间逐渐减少，4～7 天保证 20 小时光照，1～2 周龄以后一般不超过 16～18 小时即可，2～4 周龄以后一般不超过 14～16 小时即可，此后可以恒定在 12 小时光照。

（5）分群与调群

雏鸡在育雏生长期间，会出现生长差异，此时需要饲养员对雏鸡进行分群，一般在育雏期间要进行两次分群。第一次在 10 日龄，第二次在 20 日龄。第一次分群主要依据大小公母进行，大小分开、公母分开，把体形、体重均匀的雏鸡放在一起，以保证雏鸡的均匀度。第二次分群主要是降低养殖密度，保证育雏质量。在立体笼养方式中，分群时应将体重大的雏鸡放在下层，弱雏留在上层。温度高时（夏季）可适当提前分笼，温度低时（冬季）可适当推迟分笼时间，由于上、中、下三层鸡笼有温差，可以在下层笼中多放一只雏鸡，以减少上下层的温差。有条件的养殖场，分层后可在喂料量、营养结构等方面区别对待，使弱雏尽快赶上，提高鸡群的均匀度。分群时要注意提前在鸡舍内做隔断、预温，不能因为分群而导致冷应激。

随着育雏鸡的生长发育，为了提高雏鸡的成活率、减少损失，要及时调群。调群即是根据观察、称重结果，把体质较弱的、反应迟钝的或有病症表现的弱雏鸡，从鸡群中分开饲养或单独饲养的一种管理措施，其需要结合喂料控制、光照控制等方案，这样做有两个目的，一是要避免壮欺弱、大欺小等现象，对弱雏鸡进行扶壮，提高弱雏鸡的成活率，二是保障雏鸡的均匀度，原则上不能低于标准体重，使雏鸡既不能太小、太瘦；又不能太大、太肥。

（6）断喙防啄癖

雏鸡应在 10 日龄左右进行断喙，一般采用电烙铁等专业断喙工具进行直切断喙，上喙切断 1/2，下喙切断 1/3。在断喙后，每天还应注意观察有无啄肛等恶癖发生，一旦发现，必须马上剔出受啄的鸡，分开饲养，并采取有效措施防止蔓延。

（7）日常管理

在雏鸡管理过程中做好观察记录是一项重要的工作，饲养员每天应注意观察雏鸡的各种情况，如精神状态、羽毛、采食、饮水及粪便情况，对温度、湿度、通风、耗料、用药和死雏数等情况要登记记录，对鸡群的观察主要注意以下几个方面：

一是看鸡粪。每天早晚进出鸡舍，要注意查看鸡粪形态（颜色和软硬度），鸡粪能反映出鸡群生长发育信息，虽然鸡粪形态会随饲料不同而有所不同，但是一般情况下鸡粪形态差异不大。正常粪便为软硬适中的堆状或条状物；形状干硬，表明饮水不足或饲料不当；形状过稀，可能摄入水分过多或消化不良；颜色淡黄泡沫状，可能是由肠炎引起；颜色绿色、黄白水样，可能是新城疫；深红色血便，则是球虫病的特征。总之，发现粪便不正常应提高警惕，及早采取有效防治措施。

二是听鸡叫声。每天应在黑暗而安静的时候到鸡舍内细听鸡群发出轻微的异常声音。如咳嗽、喷嚏和呼噜声比较明显，则表明鸡群可能患有呼吸道疾病或新城疫，需做进一步的详细检查。

三是称体重。定期称重是了解鸡群体重增长情况的唯一有效途径。称体重一般抽取鸡群 5% 的个体称重，抽测结果要与品种标准体重对称，并以此为依据调整喂料方案，使鸡群处于合理体重范围。

四是采食量。鸡群日采食量是反映鸡群健康状况的重要标志之一。如果当天的采食量比前一天略有增加，说明情况正常。如有减少或连续几天不增加，则说明存在问题，需及时查找原因，分析是饲料还是疾病原因。

五是管垫料。采取平养方式的要加强垫料管理。首先要注意垫料的厚度，垫料层不能太薄，垫料太薄不仅保暖效果差，还容易引发雏鸡胸囊肿，也不宜过厚，以免妨碍雏鸡的活动，一般而言，垫料层需要保持 5～8 厘米厚。其次要定期翻动或补充垫料，当垫料出现板结现象时，要及时用耙子翻松垫料，并适量补充清洁、干燥的垫料，当每批雏鸡转运出栏后，应将垫料清除，做到进一批雏鸡换一次垫料。垫料管理时要特别注意保持垫料的干燥。潮湿、板结的垫料。常常会使雏鸡腹部受冷，并引起肠炎、黄曲霉病、腿病和球虫病等疾病，造成雏鸡群生长发育失衡。因此，要减少垫料中水分含量，例如，在带鸡消毒时，消毒液不可喷雾过多或雾粒太大。如果采取饮水器饮水的要注意水位适当。

六是记死淘。每次饲喂时要注意观察鸡群中有无病弱个体，一旦发现就应剔出隔离治疗，病情严重者应立即淘汰，当死淘率过大时，应及时送检，查找死淘原因。

七是搞卫生。要每天清理打扫鸡舍卫生，减少灰尘和绒毛对呼吸道的刺激；要定期做好消毒工作，一周带鸡消毒 1～2 次，消毒液应交替使用。

八是做免疫。要严格按照免疫程序进行免疫，免疫后要随时观察鸡群饮水、采食和精神情况，注意观察免疫是否有效，如果免疫失败要查找原因。

第二节　育成鸡的饲养管理

6 周龄后雏鸡进入育成阶段，通过育雏雏鸡体重增大各种生理功能日趋完善，已基本能适应环境变化，但雏鸡仍然处于旺盛的生长发育阶段，是骨骼、肌肉、生殖系统和消化系统发育的关键时期。为了使鸡群保持育雏时期的健康状态，培育出体质健壮的鸡只，必须科学饲养管理，如不严格按照饲养管理操作规定做好每一项工作，稍有疏忽，很容易造成低育成率。育成鸡的饲养培育主要目的有两点，一是控制体成熟进程，使饲养鸡只体重达标整齐、骨骼发育良好，符合品种标准，投放市场销售；二是控制性成熟速度，适时开产，且开产整齐，将优秀个体选入种鸡群。因此，育成鸡饲养管理直接关系到能否培育成有高度生产能力和种用价值的个体，也直接关系到商品鸡能否整齐按期出栏的生产效益。

一、育成鸡的生理特点

通过育雏室的精心呵护，鸡只在体形、体质和功能等方面都有了较大改变，育成鸡在饲养管理上可以相对粗放一点。相比育雏鸡，育成鸡有以下几个生理特点：

体温调节能力健全。此阶段的乌骨鸡几经换羽，全身长出成羽，羽毛丰满，机体对脂肪蓄积能力增强，对外界环境温度变化的适应能力明显增强，具备了体温调节能力，具有较强的抗逆性。

生长迅速、消化机能健全。此阶段的乌骨鸡消化吸收能力增强，采食量大增，活泼好动，骨骼、肌肉和器官的生长发育处于旺盛期，具有较强的生活能力。

生殖系统发育至成熟。此阶段的乌骨鸡生殖系统发育加快，睾丸、输卵管和卵泡的生长发育以至达到性成熟，完成了从性发育到性成熟的过程。

二、育成方式的选择

育成鸡由于体质和功能都趋于成熟，对饲养方式的选择较多，养殖户可根据自身条件选择不同的饲养方式。育成方式一般可以分为室内养殖（地面平养、网上平养/笼养）和室外林间放养等方式。室内养殖。育成鸡的室内养殖方式可分为地面平养和网床平养以及笼养。室外林间放养。室外林间放养是采用传统农家饲养方式，自然散养在林地山坡间，以采食林中虫子、青菜、牧草、树叶等为主，辅助补喂农副产品、五谷原粮、杂粮及饲料等的饲养方式。

育成期的乌骨鸡抗病力较强，对环境的适应性也强，此时可以选择林间放养的饲养方式。林间放养使乌骨鸡群活动空间大，饲养出来的乌骨鸡肥瘦适中，肉质细腻鲜美，有利于提高乌骨鸡的价值，也充分利用了农村闲置的林间空地，减少了配合饲料的用量，具有投入少、经营灵活、生态健康等特点。

三、育成期前的准备

鸡舍和设备。转群前必须做好育成鸡舍的准备，如鸡舍的维修、清刷、消毒等，准备充足的料槽和水槽。室外林间放养也要搭建好鸡舍、遮阴防雨棚，必要时可用铁丝网等筑好围墙。

淘汰病弱鸡。在转群过程中，淘汰病弱鸡、残鸡及体重体形不符合要求的乌骨鸡，挑选健康、发育匀称、外貌符合要求的乌骨鸡进入育成期。

四、育成期时的饲养管理

育雏期和育成期是根据日龄人为划分的两个阶段，虽然育成期的饲养管理技术有一系列变化，但是这两个时期的饲养管理具有很强的连贯性，这些变化要避免突然，要循序渐进，因此，雏鸡从育雏舍转到育成舍首先要精心做转群过渡。

做好饲料过渡关，适时更换饲料，保证采食量。鸡只饲料从育雏料过渡转换为育成料，同时由于受转群和免疫等影响，鸡群采食量减少，增重停止或减慢，可适当提高日粮营养浓度；也可以将少量清水喷于料槽中或每天增加饲喂次数，刺激鸡群采食，增加采食量，确保体重的增加。

过好环境应激关。笼育的雏鸡进入育成期后，有的需要转入育成鸡笼或者改为地面平养以便于管理，这就要下笼。刚下笼时鸡不太习惯，转群后有害怕表现，容易引起密集挤堆，因此需要仔细观察鸡群（特别在夜间），防止挤堆而造成死亡等意外发生，必须提供良好的采食、饮水等饲养环境。可在饲料或饮水中加入维生素C、速溶多维、延胡索酸和镇静剂等抗应激剂以缓解应激。

室内养殖的饲养管理要点：

饲养密度。育成鸡无论是平养还是笼养，都要保持适宜的饲养密度，这样才能保证鸡群发育均匀。若饲养密度过大，会造成舍内空气污浊，鸡群死亡率增加，个体体重均匀度差，残鸡较多，合格鸡数量减少，影响育成计划。对群养育成鸡还需进行分群，防止群体过大而不便管理，每群以不超过 500 只为宜。育成期在平面饲养的情况下，每平方米的合适密度为：7～12 周龄，10～8 只；13～16 周龄，8～6 只；17～20 周龄，6～4 只。

注意通风。通风的目的，一是保持舍内空气新鲜，给育成鸡提供所需要的氧气，排出舍内的二氧化碳、氨气等污浊气体；二是降低舍内气温；三是排出舍内过多的水分，降低舍内湿度。鸡舍通风条件要好，特别是夏天，一定要创造条件使鸡舍有对流风，开放式鸡舍要注意打开门、窗户通风，封闭式鸡舍要加强机械通风，即使在冬季也要适当进行换气，以保持舍内空气新鲜，通风换气好的鸡舍，人进入后感觉不闷气、不刺眼和不刺鼻。

添喂沙砾。为提高育成鸡的胃肠消化功能及饲料利用率，育成期内有必要添喂沙砾，沙砾的直径以 2～3 毫米为宜。添喂方法，可将沙砾拌入饲料喂给，也可以单独放入沙槽内饲喂。沙砾要求清洁卫生，最好用清水冲洗干净，再用 0.1% 的高锰酸钾水溶液消毒后使用。

控制性成熟。控制育成鸡性成熟的关键是把限制饲养与光照管理结合起来，只强调某个方面都不会取得很好的效果。按限制饲养管理，鸡的体重符合标准，但延迟了开产日龄，原因是光照时间不足、体重较轻；如果增加光照时间，而忽视了饲料的营养和用量，达不到标准体重，结果是开产蛋重小，产蛋高峰期延迟。

限量饲养。在育成鸡饲养管理中（12 周龄以后），要正确处理好"促"与"抑"的关系。在育成时期，乌骨鸡的骨骼和肌肉生长迅速，脂肪沉积能力增强。但如果在开产前后的卵巢和输卵管沉积脂肪过多，会影响卵子的产生与排出。因此，育成后期应采取限量饲养，以防止脂肪过多沉积。通过控制日粮营养水平操作如下：正常情况下防止体重超标，可以采取限量饲养，使日粮粗蛋白水平不超过 14%，或者对其采食总量加以限制。如果体重偏低则要提高日粮营养水平，增加饲喂量，保证体重在正常范围内。饲喂量和饲料营养水平要根据每周称测的体重情况来调整。

保持卫生，预防疾病。由于育成鸡饲养密度大，要注意及时清除粪便，保持鸡舍环境、饮水和饲料卫生，杜绝外来人员进入饲养区和鸡舍，定期进行带鸡消毒，减少疾病发生。一定要做好笼养鸡的断喙工作。鸡群出现啄癖后，要及时分析原因，并采取针对性措施，消除发病因素。

加强观察，做好记录。要注意细致观察鸡的采食、呼吸、粪便等情况，鸡只开产前后较敏感且易烦躁不安，应多巡视，及早发现和处理挂颈、扎翅等现象。要注意观察发现并及时挑出脱肛鸡、啄肛鸡和病弱残鸡。做好认真全面的记录，可使管理者随时了解鸡群状况，为即将采取的决策提供依据。记录的主要内容应该包括：每周、每日的饲料消耗情况，每周鸡群增重情况，每日或某阶段鸡群死亡数和死亡率，每日、每周鸡群淘汰只数，每日各时间段的温、湿度变化情况，疫苗接种包括接种日期、疫苗生产厂家和批号、疫苗种类、接种方法、接种鸡日龄及接种人员姓名等，每日、每周用药统计。

室外林间放养的饲养管理要点：

放养密度。一般林间放养的密度为一次性放养 50～150 只/亩（1 亩≈667 米^2）；长期放养 10～20 只/亩。最好对放牧场地实行划片轮牧，开展分片轮牧工作，这样既不会造成污染，有效降低病菌，也不会对树林造成危害，实行轮牧时可将饲养密度适当提高。

严防兽害。野外养鸡要注意预防老鼠、黄鼠狼、狐狸、鹰和蛇等天敌的侵袭，鸡舍不能过于简陋，应及时堵塞墙体上的大小洞口，鸡舍门窗用铁丝网或尼龙网拦好。同时要加强值班和巡查，检查放牧场地兽类出没情况。

避免应激。开始放养时，时间宜短、距离宜小，以后慢慢延长，放养范围宜慢慢扩大。放养的最初几天，可在早中晚喂一些饲料，不要让狗及其他兽类突然接近鸡群，在雷雨天气要及时将鸡群赶回鸡舍，以防受惊吓。

防疫消毒。由于放养在外，鸡群感染传染病以及寄生虫病的机会较多，因此要制定科学的免疫程序并按免疫程序做好鸡新城疫、传染性法氏囊炎等重要传染病的预防接种，要做好肠道寄生虫的驱虫。定期对鸡舍和放牧场地消毒，对于在果树林中放养的，还要注意在果林施药期间停止放牧，以防止药物中毒。

巡逻观察。放养时发现行动落伍、独处一隅和精神萎靡的病弱鸡，及时隔离观察和治疗。鸡只傍晚回舍后要清点数量，以便及时发现问题、查明原因和采取有效措施。在放牧场地中每隔一段距离放 1 个饮水器，使鸡有充足饮水。放养期间，应遵循"早宜少、晚适量"的补饲原则，同时考虑幼龄小鸡觅食能力差的特点，酌情补料。放养规模以每群 1500 只为宜，规模太大不便管理，规模太小则效益太低。母鸡开产前应先做好驱虫和预防接种，再回到固定鸡舍准备产蛋。密切注意天气变化，遇有天气突变，应及时将鸡赶回鸡舍，以防风寒感冒；天气炎热时应早晚多放，中午在树阴下休息或赶回鸡舍，不可在烈日下长时间暴晒，防止中暑。

放养鸡的补饲，具体根据林地提供食物和补料多少而定。补饲饲料由玉米、食盐和昆虫等组成，补饲多少应根据饲料资源的多少而定。早晨少喂，晚上喂饱，中午酌情补喂，晚上最好补喂一些配合饲料。傍晚补饲期间，可在鸡舍周围安装几盏照明电灯或能诱虫的黑光灯，这样昆虫就会从四面八方飞到灯下，被等候在灯下的鸡群当作夜餐吃掉，鸡吃饱之后，将灯关闭。为了节约饲料开支，弥补蛋白质饲料的不足，可人工培育黄粉虫、蚯蚓、蝇蛆和地鳖虫等喂鸡，育虫原料来源广、成本低，培育方法简便。

设置避雨（暑）棚：面积按每平方米养 15～20 只鸡搭建。棚舍内地面平整，设置栖息架；棚舍外应设排水沟。在棚舍内和周围放置足够数量的饮水器及料桶（槽）。

第三节　种乌骨鸡的饲养管理

种鸡生产性能的高低，取决于遗传基因和生活环境条件（如光照、温度、湿度、空气等）、充足而全面的饲养管理和营养等。所以必须对种鸡采用合理的饲养管理方式，创造一个适宜的生活环境，充分发挥其遗传潜力，从而获得大的生产经济效益和育种效果。衡量种鸡生产性能指标主要包括开产日龄、产蛋量、产蛋率、蛋重、母鸡成活率、破蛋率、种蛋合格率、受精率等指标，这些指标还可以用来衡量和检查饲养管理水平。

一、种鸡的选择

准备留作种用的乌骨鸡应选择健康、活泼、有力的鸡，选择方法与其他种鸡基本相同，即育种场可根据记录和系谱，或者根据外貌特征选择具有乌骨鸡品种、品系特点的作为种鸡。一般分三次进行。第一次在8周龄时，将外貌特征齐全、生长发育良好、平均体重大的雏鸡留作种用。第二次在开产前再进行精选，选择躯大、胸宽挺直，鸣声洪亮的个体。第三次在种鸡即将停产时，根据其产蛋率、外貌和生理特征选留，作为第二年的种鸡用。乌骨鸡按公母1∶（10～14）的比例选留种鸡。

种公鸡的选择。公鸡对后代的早期生长发育的速度、产蛋的数量影响较大，谚语称"公鸡好，好一坡；母鸡好，好一窝"，可见选择种公鸡的重要。种公鸡的选择历时较长，要经过整个生长期的选留，直至性成熟期，才能确定雄性第二性征明显，体质健壮，具有强烈交配意识的公鸡。一旦确定，就要在采精1周前进行人工采精训练。每日进行背部按摩3～4次，一是使种公鸡消除惊恐，慢慢适应触摸，二是形成完整的性反射，获得高品质的精液。如果发现公鸡性欲弱，精子质量差，受精率低，应予以立即阉割淘汰，并转入育肥作为商品鸡出售。

种母鸡的选择。过去，对种母鸡的选择一直没有受到重视，随着育种繁殖研究的不断深入，发现种母鸡的品质好坏，直接影响其产蛋率和种蛋的孵化率，所以现代养殖场对种母鸡的选择愈加重视。应选择发育丰满、对异性表现好感、肌肉发达、羽毛光泽、肛门大且湿润、腹部大且柔软、鸡冠红而温暖的母鸡。种母鸡第一、二个产蛋年的产蛋量最高，为最佳生殖年龄，第三个产蛋年下降15％～20％，以后生殖能力逐年下降，超过五年不宜留作种鸡。对于观赏型乌骨鸡等一些产蛋量偏低的乌骨鸡，常常在利用1年后实行强制换羽，再利用1年。开产后的鸡群要求每隔一个月进行一次淘汰工作，淘汰不产蛋、产蛋率不高、生病、就巢性强的鸡只，这样可以避免浪费饲料，降低饲料成本。

二、饲养管理

当雏种鸡生长到5～6月龄时，其外貌特征已十分明显地表现出来了，公鸡的丛冠很发达，已开始啼鸣，并喜欢爬跨。在这个时期不论是公是母，其耳叶颜色特别翠绿明亮，十分耀眼，全身丝毛光洁，此时应进入种鸡的饲养管理。

青年种鸡的饲养管理。

种鸡从育成期至开产期，是决定其性能好坏的关键时期，需要保持一个相对平稳安静的环境，转群、分群、限饲等各项措施都需要逐步进行，以免造成强烈应激。此阶段需要根据鸡只大小、公母分开饲养，同时需要控制光照和合理限饲。光照控制一般从12周龄开始，如需推迟性成熟日龄，则缩短光照时间，反之，则延长光照时间。限饲可从第11周龄以后开始，对种公鸡限饲可以避免太肥而影响精液品质，对种母鸡限饲可以控制体重，抑制过早性成熟，统一开产时间，也有利于节省饲料。此时采取的限饲措施，虽然减少了日粮中的蛋白、能量物质，提高了麦麸、糠皮等比例，但应保持钙、磷、矿物质和维生素的配比及含量，以满足生长发育的需要。在减少蛋白质和能量摄入的同时，还可以改变饲喂方法，在4月龄后，可以从每天饲喂3次改为每天饲喂2次配合饲料，1次青绿饲料，并随着日龄增长，适时增加青绿饲料量，最高可提高至日粮的30％。限饲时应随时注意鸡只的发育状况和动态情况，定期测量体重，淘汰不合格的鸡只，并随体重调整饲料饲喂量和饲料营养。青年种鸡饲养到17～18周龄需转运到产蛋舍，并进行一次种鸡挑选，淘汰不合格个体。

成年产蛋种鸡的管理。

合理配制日粮。乌骨鸡虽然耐粗饲，但要想乌骨鸡有较高的产蛋率，必须饲喂营养全面，配比合理的日粮，并要控制饲喂淀粉、脂肪含量高的饲料，一般情况下，成年产蛋种鸡饲料中蛋白质含量为15％～18％，粗纤维应少于5％。同时添加青饲料，饲喂量为日粮的20％～30％，并洗净切碎拌入精料中。产蛋率达40％以上时，夜间适当补料一次。产蛋旺盛时，可适当提高日粮蛋白质水平，补充维生素、微量元素及无机盐。如果配用淡鱼粉，则应按0.35％的含量在日粮中补充食盐。

补充光照。产蛋期间要加强光照强度、颜色和时长的管理，光照时间一般为15.5～16.5小时，光照强度保持为10勒克斯，并不随意改变光照颜色。四季更换时，自然日照时间变化较大，产蛋期间光照时间应该根据当地日照时长的变化而调节，要充分利用自然光照，减少能量损耗，当自然光照不足时，需要人工补充光照，以夏至日（16小时）的日照时间为基准，计算出人工补充光照时长。

控制温度和湿度。种鸡舍最佳温度应保持在20℃～26℃，最佳相对湿度范围为50％～55％，并保持舍内干燥。种鸡比较怕热，特别是夏季和秋初，气温在30℃以上时，鸡群食欲减退，饮水量增加，表现出翅膀张开，张口呼吸，表现烦躁不安，产蛋量明显下降，部分鸡停止产蛋。因此需要采取增加通风、加快气流速度、遮阴防晒及降低饲养密度等防暑降温措施。在冬季，当自然温度低于10℃时，鸡群会出现冷应激，会降低母鸡产蛋量。此时，需要调整饲料配方，提高饲料能量值，并要做好舍内防寒保暖与通风换气工作，当自然温度低于5℃时，要打开加热设施，如保温灯，暖风机，加热锅炉等设施，提高室温。

减少就巢性。一般来说，禽类都具有就巢性，表现为产蛋一段时间后，体温升高，被毛蓬松，抱蛋而窝，停止产蛋。除需要熟悉的产蛋箱和腹下积蛋的刺激外，环境条件如天气过热、过冷、通风不良及环境阴暗都容易引起母禽的就巢。在自然状态下，乌骨鸡一般每产 10～12 枚蛋就巢 1 次，每次就巢在 15 天以上，就巢行为会引起卵巢的退化和产蛋率下降，大幅度提高种蛋生产成本，严重影响养殖场的经济效益。减少母鸡的就巢性的方法有很多，一般可以分为三种方法：改变基因型、控制环境、调节内分泌。通过分子育种技术改变基因型是解决就巢性的最佳途径，但在乌骨鸡方面的研究与应用并不多，目前解决乌骨鸡的就巢性主要还是通过控制环境和调节内分泌等手段。

第七章　乌骨鸡的疾病防治

第一节　乌骨鸡疾病的综合防治措施

乌骨鸡营养价值高，口感细嫩，通常作为食疗或药用食材，乌骨鸡全身都能入药，所产蛋产品也营养丰富，除了可食用，还具有很高的药用价值，是我国特有的名贵食疗珍禽。近年来随着乌骨鸡养殖业的发展，乌骨鸡的养殖规模在不断扩大，乌骨鸡的产量也在逐年上升，由于乌骨鸡养殖业发展过快，乌骨鸡疾病时有发生，这些疾病的发生不仅损害乌骨鸡健康，增加了养殖户的养殖成本，同时大量药物的使用也容易造成乌骨鸡肉蛋产品的药物残留，严重危害着乌鸡养殖业的发展，因此在乌骨鸡养殖中要做好疾病防治。

通常对乌骨鸡的疾病防治主要按照"预防为主、防治结合、以防为重"的基本原则进行。对乌骨鸡疾病的预防，可从以下几个方面着手：一是在平时养殖过程中加强对乌骨鸡的饲养管理，给乌骨鸡饲喂营养均衡的日粮，增强乌骨鸡的体质；二是做好养殖场的日常卫生消毒工作，保持鸡舍通风，给乌骨鸡提供良好的养殖环境，避免应激，减少疾病的发生；三是有计划的定期对乌骨鸡进行疫苗接种，增强乌骨鸡的抗病能力，减少疫病的发生和传播。

一、乌骨鸡出现疾病的表现

在平时的养殖过程中要多观察鸡群的整体状态，通过观察可以得知乌骨鸡群整体的生长状况，尽早发现有无异常，做到疾病早发现早治疗，一旦发现病鸡尽早采取相应的措施，减少不必要的经济损失。对鸡群的观察可以从以下几方面进行：

1. 观察乌骨鸡的精神状态

可以在鸡舍随时对鸡进行观察。鸡群的精神状态可以很好地反映其健康状况，健康的鸡只羽毛整洁有光泽，反应敏捷，行动灵活，双眼有神，神态安然，当工作人员进入鸡舍时，鸡只比较兴奋，表现出求食欲，对外界刺激敏感。有病的鸡只羽毛蓬松，没有光泽，垂头缩颈，闭目昏睡或者流涕、咳嗽，不愿行走等。如果发现神态异常的鸡只应尽快查明原因并采取措施。

2. 观察乌骨鸡的食欲和状况

鸡只所需营养物质均来自食物，因此鸡群的采食量也关系到鸡只的健康。健康鸡群：每天的耗料相对稳定，喂料前，食欲旺盛，采食时行动敏捷，进食快，食量大；在排除天气原因外，有病的鸡群往往每天耗料减少，出现食欲下降，鸡只挑食或拒食，采食量显著降低。当特定时间内鸡群的采食量变化很大时，排除天气等客观因素，要考虑鸡群是否感染疾病，当鸡群中发生霍乱、新城疫、禽流感等多种疾病都可使鸡只食欲下降，甚至是食欲废绝。

3. 观察乌骨鸡的饮水状况

水在鸡只身体中扮演着非常重要的角色，水分参与鸡体几乎全部的新陈代谢，没有水分鸡只无法生存。通常健康鸡只的饮水量是采食量的2倍，并且在一定阶段内相对稳定。排除温度过高等环境因素，发生疾病的鸡群饮水量增加，一般在饲料食盐含量过高或者某些能引起鸡只高热或剧烈腹泻的疾病时常见。

4. 观察乌骨鸡粪便状况

通常健康鸡只的粪便软硬适中，堆状或粗条状，颜色为棕绿色或灰黑色，粪便上覆有一层白色的尿酸盐物质，具有轻微臭味。当鸡群发生疾病时，其粪便的颜色、性状等都会出现某些变化，通过对鸡群粪便状况的观察对于鸡群疾病的早发现可以起到一定的作用。如果粪便上的白色尿酸盐较少或没有，提示可能存在日粮中蛋白质含量不足等问题。鸡只排白色稀粪，黏堵肛门，提示鸡群可能患有白痢；拉红色稀粪，提示鸡群肠道出血，可能患有球虫病、蛔虫病或其他能引起肠道出血的疾病。

5. 听乌骨鸡群的呼吸声音

听乌骨鸡群的呼吸声音对于鸡场呼吸道疾病的预防比较有效，健康鸡群呼吸平稳自然，如果鸡群中有鸡只打喷嚏、摇头甩鼻、咳嗽、流鼻涕、张口呼吸或者出现呼吸道啰音提示鸡只可能感染了呼吸道疾病，如感染支原体病的鸡群，在安静的夜晚可以听到病鸡打喷嚏、咳嗽的声音。

6. 观察乌骨鸡的生产情况

乌骨鸡的生产情况首先是观察产蛋率，对于健康的产蛋鸡群来说，鸡群的产蛋率有一定的规律性，可以用产蛋曲线表示，产蛋初期产蛋率较低，一般 3～4 周后可进入产蛋高峰期，随后产蛋率相对稳定地缓慢下降，在特定时期如果产蛋率异常的急剧下降，则提示鸡群可能发生了某种疾病，如鸡群发生新城疫、产蛋下降综合征、传染性支气管炎、霍乱等疾病时，都会导致产蛋率大幅下降。

其次是蛋品质的观察，查看鸡群蛋的颜色是否正常，蛋壳表面有无血丝，蛋壳是否正常，有无软壳蛋、薄壳蛋、无壳蛋、皱壳蛋、沙皮蛋、畸形蛋等。如果鸡群患有大肠埃希菌病、新城疫、传染性支气管炎等疾病，都会导致鸡群所产鸡蛋品质下降，软壳蛋等畸形蛋增多，种蛋合格率低。总之，饲养者通过对鸡群的产蛋率和蛋品质的观察，可以及时判断鸡群有没有发生疾病，尽早采取措施，确保鸡群的健康。

7. 观察乌骨鸡的其他行为

如果鸡群中出现啄蛋、啄趾、啄羽、啄肛、啄尾等异常行为，提示饲料中可能缺乏某些矿物质、蛋白质或粗纤维，或者是钙、磷比例失调，或患有某些体表寄生虫病如羽虱病，或是鸡场饲养管理不当，如光照过强，饲养密度太大等。一旦发现鸡群中的异常行为要尽早找出原因，及时处理，减少经济损失。

二、乌骨鸡疾病的综合防治方法

1. 种鸡引入

引入种鸡时要对种鸡输出地进行调查，看近几年是否有疾病发生。了解乌骨鸡养殖场的饲养管理情况，是否有按时接种疫苗等。要从非疫区，声誉较好，设施健全，管理规范，卫生状况良好，并具有相应的资质的养殖场引进种鸡。选择引入的种鸡应健康，引入后要隔离 30 天，观察确认健康无疫病发生后可以混合饲养。在引进鸡苗和成鸡出栏时都要做到全进全出，不要随意引进，或者将不同批次的鸡只进行混养，以免引发疾病。

2. 加强饲养管理

随着现代养鸡业的发展，养殖场集约化程度的提高，鸡只饲养规模的扩大，对于乌骨鸡的养殖来说，管理不善特别容易引起疾病的发生与流行，在养殖生产中大部分疾病不是由病原微生物所引起的，而是由养殖过程中养殖环境、营养、饮水等方面管理不当引起的。鸡舍环境的管理对鸡群疾病的预防有非常重要的作用。良好的鸡舍环境可以大幅降低死淘率，同时良好的饲养管理，还可以增强乌骨鸡的体质、提高鸡群抵抗力，减少治疗费用，降低环境性疾病的发生，因此，非常有必要为鸡群提供一个干净、清洁卫生的环境，减少疾病的发生，保证鸡群健康，节约饲养成本，增加经济效益。

（1）做好乌骨鸡的日粮管理

乌骨鸡靠从饲料中获取所需要的营养物质。只有为鸡只提供优质营养丰富的饲料，才能保证乌骨鸡正常生长，减少疾病的发生。因此在养殖过程中要选择正规厂家生产的饲料，如果条件允许也可以自行配制营养全面的饲料。在饲养过程中要按照不同的饲养阶段选择不同类型的日粮，在育雏阶段选用育雏料，在产蛋阶段可以选择蛋鸡料。不要随意相信推销人员，盲目使用其推销的饲料。同时也要注意不要频繁更换日粮，滥用饲料添加剂，这样容易造成营养失衡，使乌骨鸡生长缓慢，还可能引发疾病。

（2）加强饮水管理

水是生命之源，机体的生命活动和新陈代谢都离不开水，乌骨鸡的生长发育也需要水。饮水的供给影响乌骨鸡的正常生长，缺水会对乌骨鸡造成严重损害，使之食欲降低，鸡体水分丧失，抗病力下降。产蛋乌骨鸡缺水会导致产蛋量下降，如果乌骨鸡处于长期缺水状态，可能会致其死亡。同时水也是疫苗接种的媒介，许多疫苗是通过饮水进行免疫，水质差可能会影响疫苗的免疫效果。饮水还是疾病传播的重要介质，健康鸡群饮用了被病原微生物污染的饮水可发生疾病。因此，在养殖过程中要为鸡群提供干净的饮水，定期清洗水槽、饮水器具，并消毒，夏季高温时可将饮水器具清洗后在太阳下面曝晒，可以一定程度杀死病原微生物。

（3）做好温度管理与通风管理

不同生长时期的乌骨鸡所需要的温度不同，在育雏阶段，雏鸡的体温调节能力不完善，对温度的调节较差，因此要求相对较高的环境温度，并注意保温；而随着鸡只的生长发育，年龄不断增长，在育成阶段、产蛋期所要求的环境温度要低于育雏期，一般最适温度为18℃～23℃。温度对乌骨鸡的生产有重要影响，鸡只没有汗腺，不能通过皮肤排汗，如果养殖场环境温度过高，不利于散热，会导致乌骨鸡采食量减少，饮水增加，产蛋率下降，鸡只对疾病的抵抗力也会下降，有时甚至会被热死。而如果是在寒冷的冬季，养殖场环境温度过低，也会使乌骨鸡抵抗力下降，容易诱发呼吸道疾病，严重时可能出现鸡只被冻死的现象，尤其是在育雏阶段的乌鸡。乌骨鸡只有生活在适宜温度条件下，才能健康生长，抗病力强，因此要注意不同生长阶段乌骨鸡的温度管理，避免温度过高或者过低，减少高温或者低温带来的应激，提高乌骨鸡群抵抗力。

在温度控制的同时也要注意乌骨鸡舍的通风。如果鸡舍空气不流通，空气中鸡体代谢产生的氨气、硫化氢等有害气体含量过高，会导致空气中氧气严重不足，并且这些有害气体对乌骨鸡呼吸道黏膜有强烈的刺激作用，容易使鸡群感染呼吸道疾病。如果鸡舍长期处于高温、高湿状态，同时通风又不畅，会造成霉菌孢子的大量繁殖，容易诱发鸡霉菌性肺炎。因此要注意适时打开门窗或排气扇进行通风，减少鸡舍空气中有害气体的积累，以免引发疾病。

（4）加强乌骨鸡养殖场的光照管理

光照对乌骨鸡的生长也非常重要，光照过强或者太弱都对乌骨鸡生长不利。如果乌骨鸡养殖场光照过强，会影响鸡群的睡眠和正常休息，长时间的强光照会使鸡群处于不安或者过度兴奋的状态，严重的还可诱发鸡只啄羽、啄趾、啄肛等不良行为，降低鸡群的免疫力，容易诱发疾病。如果鸡舍光线太弱，也影响乌骨鸡只的采食，特别是雏鸡，导致其采食量降低、摄取不到足够的营养物质，饮水量减少，影响鸡只健康。

（5）加强乌骨鸡养殖场的卫生管理

定期更换乌骨鸡舍的垫料，养殖场的粪便和污水等废弃物应及时处理，不要随意堆放，避免夏季蝇蛆滋生，雨后粪水四溢，最终导致疫病的暴发。要注意做好鸡场的杀虫、灭鼠工作，防范外来飞鸟，避免携带病菌。在蚊蝇容易滋生的季节可用杀虫药物进行定期杀虫，减少疾病的发生和传播。

（6）合理控制养殖场的饲养密度

养殖场乌骨鸡密度过大，鸡的运动空间狭小，鸡群拥挤，鸡只生长受限。喂食时容易造成鸡只抢夺食物，最后强壮的鸡只采食多，弱小的鸡只采食少，最终导致鸡群鸡只生长发育不均衡，个体大小不一，严重的争抢还会诱发啄癖，导致鸡只伤残，死淘率增加；而且饲养密度过大，鸡只产生的粪便、二氧化碳、氨气等代谢产物增多，容易造成鸡舍环境污染，病菌滋生，增加鸡群病菌感染和疾病传播的机会。饲养密度太低，容易造成空间浪费，鸡舍和设备利用率不高，同时也不利于保温。因此在平时的养殖过程中可根据鸡只的日龄、生长阶段、管理方式、环境温度等确定饲养密度。如鸡只日龄较小或在寒冷冬季时，饲养密度可以适当加大，不过要提供足够的料槽和饮水器；如果鸡只处于育成期或在炎热的夏季时，应适当降低饲养密度。

3. 做好养殖场的消毒工作

严格的消毒措施可以有效地控制传染源，切断疾病的传染途径，减少疾病的发生，是疫病防治的一个重要的环节。因此要定期对鸡舍地面、料槽、饮水器具、污水沟、鸡舍周围环境、运输工具进行清扫和消毒。消毒时要注意合理使用消毒剂，不要长时间持续使用某一种消毒剂，并且剂量要适当，以免引起鸡只肠道菌群失调。严格限制鸡舍人员出入，对进出鸡场的人员、车辆要严格消毒，鸡舍的鸡粪、垫料、垃圾等废物也要及时清理。科学的消毒措施是预防乌骨鸡养殖场疾病最经济、有效的途径。

4. 定期接种疫苗

定期做好鸡群的疫苗接种工作，可以有效地减少鸡只疾病的发生。应根据本区域的疫病流行特点和自身养殖场的情况合理制定免疫程序，避免多年使用同一个免疫程序。要选择信誉良好质量有保证的厂家生产的高品质疫苗进行免疫，用于疫苗接种的器具要清洁消毒。饮水免疫时不要使用含氯的自来水。疫苗要注意按说明书存放，一般都需要放在冰箱进行低温保存。用过的疫苗瓶不要随意丢弃，避免某些疫苗毒株扩散，增加鸡群发病的概率。

5. 合理使用药物，预防疫病的发生

合理使用药物可以有效地防治疫病，同时某些药物还具有调节鸡体代谢，促进鸡只生长，改善胃肠道消化吸收的功效，因此在乌骨鸡饲养过程中可以合理地使用药物，用于疾病的预防和促生长。用药过程中要注意药物的使用剂量和给药途径，混饲和饮水给药时要注意将药物混合均匀，以免药物中毒。不要滥用药物，以免出现抗药菌株，到了发病时无药可用。

6. 建立健全的疫病监测体系，执行严格的生物安全措施

当前社会是信息社会，通过对乌骨鸡场的疫病监测，可以及时了解鸡场的疾病发生情况，针对这些情况可以及时采取对策，如调整养殖规模，制定防治措施，降低疾病暴发的风险。乌骨鸡养殖场应执行严格的生物安全制度。发生疫病时要将病鸡隔离，病死鸡不能在场内随意剖检，不要随意乱丢或者给狗吃，尸体要进行深埋或者焚烧等无害化处理；鸡粪、垃圾废物应堆积发酵处理；废弃的药品、疫苗制品或者包装物不能随意乱扔，以免污染环境，造成病原扩散。

第二节 常用药物特性及使用

合理使用药物可以有效地抑制或杀死病原微生物，是防治乌骨鸡疾病的重要措施。常见药物根据其对不同疾病的治疗效果可以分为抗菌药、抗病毒药、抗寄生虫药等。而抗菌药也是我们在养殖过程中使用比较普遍的一类药物，但对抗菌药的不合理使用甚至是滥用，容易引发药物中毒，造成药物浪费、增加养殖成本，还会导致耐药细菌的产生以及乌骨鸡肉蛋产品的药物残留，严重影响了乌骨鸡养殖企业的经济效益和人们的健康。本节就乌骨鸡养殖过程中常用药物的特性及使用进行简单介绍。

一、常用药物的特性及使用

1. 抗生素

抗生素最早是一类由多种细菌、放线菌产生的代谢产物，现已可人工合成，主要用于杀灭或者抑制细菌等病原微生物。

（1）β-内酰胺类

β-内酰胺类抗生素是一类具有抑制细菌细胞壁合成，毒性低，杀菌能力强的抗生素，养殖场常用的β-内酰胺类抗生素主要包括青霉素、氨苄青霉素、阿莫西林和头孢噻呋钠等。

青霉素：青霉素是一类广谱抗生素，主要对革兰氏阳性菌和革兰阴性球菌、放线菌等起作用，常用青霉素钾盐或钠盐。该药可用于乌骨鸡链球菌病、金黄色葡萄球菌病、球虫病的继发感染等的治疗。青霉素通过肌内注射或者皮下注射吸收快，不过青霉素钾盐或钠盐的水溶液非常不稳定，在常温下放置很快就会失效，如果通过饮水给药应集中饮用，饮用时间应控制在 2 小时以内，以免药物失效。

氨苄青霉素：氨苄青霉素是一类合成的广谱抗生素，对革兰阳性菌和革兰阴性菌都有效果，不过对革兰阳性菌的作用效果不如青霉素，而对阴性菌如沙门菌、巴氏杆菌、大肠埃希菌等有较强的作用，但是效果不如氨基糖苷类的卡那霉素等。

阿莫西林：阿莫西林为白色结晶性粉末，抗菌谱与氨苄青霉素相近，不过其对革兰阳性菌的作用效果比青霉素稍弱，而对革兰阴性菌的作用比较强。本品内服容易吸收，常用于沙门菌引起的雏鸡白痢、大肠埃希菌引起的脐炎等疾病的防治。本品产蛋期禁用。

头孢噻呋钠：头孢噻呋钠是一类具有广谱杀菌的半合成抗生素，毒性小，抗菌效果强。对于革兰阳性菌的作用效果比较强，而对革兰阴性菌的作用比较弱。不过本品内服不吸收，一般使用肌内注射或皮下注射。可与氨基糖苷类抗生素联用，能够增强药效，本品价格比较昂贵，一般在养殖业中较少使用。

（2）氨基糖苷类

氨基糖苷类抗生素是一类具有氨基环醇类和氨基糖分子的化合物的统称。此类抗生素主要通过抑制细菌蛋白质的合成、破坏细胞膜的完整性达到抑菌、杀菌的效果。该类抗生素易溶于水，口服不易吸收，全部从粪便排出，可作为肠道感染用药，主要用于革兰阴性菌感染的治疗，包括链霉素、庆大霉素、丁胺卡那霉素、安普霉素等。

链霉素：链霉素最早是从链霉菌中分离所得，是青霉素后第二大临床应用的抗生素。内服不易吸收，肌内注射吸收快，对革兰阴性杆菌有较好的治疗效果。常用于鸡大肠埃希菌病、沙门菌病及巴氏杆菌病等的防治。不过本品如果经常反复使用容易使细菌产生耐药性，临床上常与青霉素联合使用。

庆大霉素：我国独立研制的广谱抗生素，是从放线菌科的小单孢子菌发酵产物中提取获得的复合物。本品的抗菌谱较广，抗菌活性也是氨基糖苷类抗生素中最强的一种，主要通过抑制细菌蛋白质的合成起作用，对革兰阴性杆菌和部分革兰阳性菌感染治疗效果较好，对支原体也有一定作用，可用于乌骨鸡大肠埃希菌、沙门菌、金黄色葡萄球菌、链球菌等疾病的治疗。

丁胺卡那霉素：丁胺卡那霉素又叫阿米卡星，属于半合成的氨基糖苷类的广谱抗生素，药效与庆大霉素相似，主要用于革兰阴性菌感染的治疗，对庆大霉素和链霉素耐药的大肠埃希菌使用丁胺卡那霉素依然有效。

安普霉素：安普霉素抗菌谱广，对革兰阴性菌和部分革兰阳性菌都有很好的治疗效果，不易产生耐药性，主要用于治疗乌骨鸡沙门菌、大肠埃希菌、链球菌引起的疾病的治疗。

（3）四环素类

四环素类抗生素是由链霉菌发酵产物中提取或者人工半合成的广谱抗生素，主要靠抑制肽链增长和细菌蛋白质合成、改变细胞膜通透性起作用，除了对革兰阳性菌、革兰阴性细菌有效外，还可用于支原体、衣原体、立克次体和原虫感染的治疗，不过本类药物对革兰阳性菌的效果优于革兰阴性菌。属于此类抗生素的主要有四环素、土霉素等。

四环素：为黄色或淡黄色晶体，是由金色链霉菌发酵液中提取的广谱抗生素，作用效果与土霉素相近，主要用于革兰阴性杆菌、革兰阳性菌、支原体、衣原体等感染的治疗，其抗菌活性优于土霉素。

土霉素：为四环素衍生物，由土壤链霉菌发酵液提取所得，为黄色或淡黄色粉末，内服吸收不均匀，易与钙、铁、镁、锌等金属离子形成螯合物，影响药物吸收。因此，不宜与含有这些金属离子的饲料或药品同时使用。本品属于广谱抗生素，抗菌作用与四环素相似，可用于防治大肠埃希菌病、鸡霍乱、鸡白痢、鸡副伤寒、金黄色葡萄球菌、链球菌等疾病的治疗。

（4）酰胺醇类

酰胺醇类抗生素为广谱抗生素，通过抑制细菌蛋白质合成起作用，不过本类药物对革兰阴性菌的作用效果强于阳性菌。代表药物有氯霉素、甲砜霉素、氟苯尼考等，因氯霉素可抑制骨髓的造血功能，引发再生障碍性贫血，现已经禁止使用于所有可食用动物。

甲砜霉素：也叫甲氯霉素，为白色晶体或结晶性粉末，是一种合成的广谱抗生素，为氯霉素的衍生物，也是其第一代替代品。通过肽链的形成抑制蛋白质的合成，发挥抗菌作用。药物经口服或者注射都具有较好的效果，主要用于大肠埃希菌、沙门菌等疾病的防治。因药物不易透过细胞壁，其抗菌效果稍弱于氯霉素。本品具有较强的免疫抑制作用，可抑制抗体的产生和免疫球蛋白的合成，不过甲砜霉素的副作用要比氯霉素小得多。

氟苯尼考：又叫氟甲砜霉素，是氯霉素第二代替代品。是一种动物专用的广谱抗生素，对革兰阳性细菌、革兰阴性细菌、支原体等均有效。抗菌活性比氟甲砜霉素好，可以口服也可注射使用，具有用量小、药效持续时间长、见效快等优点，不过本品具有胚胎毒性，留作种用的乌骨鸡禁止使用。

（5）大环内酯类

大环内酯类抗生素是一类含 12～16 碳内酯环基本结构的链霉

菌发酵代谢产物，本品抗菌谱广，对革兰阴性菌和阳性菌都有效果，特别是对支原体、衣原体有很强的效果。此类抗生素主要通过抑制细菌核糖体蛋白质合成起作用，代表药物有红霉素、阿奇霉素、替米考星、泰乐菌素等。

红霉素：红霉素属于第一代大环内酯类抗生素，最早是从红霉素链霉菌培养液中分离出来的一种抗生素，为白色结晶性粉末，抗菌谱广，药物浓度低时起抑菌作用，浓度高时起杀菌作用，对大部分革兰阳性菌、少数革兰阴性菌有效，不过对革兰阴性菌效果低于革兰阳性菌，一般可用于链球菌、金黄色葡萄球菌等感染的治疗。不过本品对大肠埃希菌和沙门菌无效，但对支原体、衣原体有很强的抑制作用。

阿奇霉素：阿奇霉素属于第二代大环内酯类抗生素，是通过对红霉素进行结构修饰所得的广谱抗生素，可用于革兰阳性球菌、支原体、衣原体感染的治疗。抗菌机理与红霉素相同，都是通过抑制细菌蛋白质合成起作用。不过阿奇霉素的抗菌谱更广，除了对革兰阳性球菌、支原体、衣原体有很好的效果外，对革兰阴性杆菌如大肠埃希菌也有一定的效果。

泰乐菌素：也叫泰乐霉素，最初是从弗氏链霉菌的发酵液中提取所得的一种畜禽专用抗生素。本品是白色或淡黄色粉末，不能使用含铁、铜等金属离子的水进行溶解，否则本品会和水中的金属离子结合失效。本品对革兰阳性菌和支原体有较好的作用效果，而对革兰阴性菌作用效果较差，可以口服、混饲，也可以饮水、肌内注射给药。常用于金黄色葡萄球菌、支原体等引起的疾病防治，是治疗畜禽支原体病的首选药物，还可用于种鸡场种蛋浸泡进行支原体的净化。

替米考星：替米考星是一种半合成的畜禽专用大环内酯类抗生素，是泰乐菌素的水解产物，可经内服和皮下注射给药，吸收快。本品也属于广谱抗生素，对多种革兰阳性菌、部分革兰阴性菌、支原体都有较好的效果。替米考星对巴氏杆菌、支原体的作用效果要强于泰乐菌素。可用于防治支原体引起的乌骨鸡慢性呼吸道疾病。

（6）喹诺酮类

喹诺酮类抗生素又称吡酮酸类抗生素，是一类含有 4 -喹诺酮环结构的人工合成抗菌药。本类药物主要通过作用于细菌的遗传物质 DNA，阻碍 DNA 的合成，导致细菌死亡从而起到抗菌作用。本类药物可分为四代：第一代药物疗效不佳，现在已经很少使用。第二代药物虽然抗菌谱比第一代扩大了一些，目前也比较少用。目前较常用的是第三代药物，其抗菌谱更广，主要用于革兰阴性菌感染的治疗，对革兰阳性菌作用效果较弱。第三代药物的代表性药物有氧氟沙星、环丙沙星、恩诺沙星、诺氟沙星等。第四代药物是对前三代药物进行了修饰，与前几代药物相比对革兰阳性菌的作用效果更好，而副作用更小，不过因价格昂贵，目前较少使用。喹诺酮类药物的毒副作用小，且与其他药物没有交叉耐药性，现已在畜禽疾病防治中被广泛应用。不过本类药物对幼龄鸡只骨髓的形成有影响，会损害负重关节，引起疼痛和跛行，而且年龄越小，危害越大，因此幼龄期的乌骨鸡要谨慎使用或者禁用，喹诺酮类药物可与铁、钙、镁等多价金属离子形成螯合物，在使用时也要注意。

氧氟沙星：第三代喹诺酮类抗生素，为微黄色结晶，常用于革兰阴性菌如大肠埃希菌、巴氏杆菌等感染的治疗。药物口服吸收良好。

诺氟沙星：又叫氟哌酸，为灰白色或淡黄色结晶粉末。是第三代喹诺酮类广谱抗菌药。可内服给药，也可肌内注射给药，吸收迅速。药物对大肠埃希菌、巴氏杆菌、沙门菌等革兰阴性杆菌都有良好的抗菌作用，对革兰阳性菌、支原体等也有作用。

环丙沙星：是一种新型合成的第三代广谱喹诺酮类抗菌药，其抗菌谱与诺氟沙星相当，杀菌效果比诺氟沙星更好，对多种细菌的抗菌活性均比诺氟沙星强。本品为白色或微黄色粉末，可口服或肌内注射给药。药物渗透性强，毒性低，难以产生耐药性。其抗菌活性是第三代喹诺酮类抗生素中最强的，对革兰阴性菌和革兰阳性细菌都有很强的作用效果。除可用于大肠埃希菌、沙门菌、巴氏杆菌等感染的治疗，对金黄色葡萄球菌病、链球菌病也有较好的效果，对支原体和衣原体引起的感染也有很好的作用。对青霉素类、庆大霉素、链霉素等抗生素耐药的菌株均可用环丙沙星治疗。

恩诺沙星：也叫乙基环丙沙星或恩氟沙星，微黄色或淡黄色粉末，是一种动物专用抗生素，属于广谱抗生素，药物杀菌力强，在体内分布广，与其他抗生素不产生交叉耐药性。通过内服和肌注给药，药物都可被迅速吸收，其代谢产物为环丙沙星，也具有很强的抗菌作用，可用于大肠埃希菌、巴氏杆菌、沙门菌等革兰阴性菌和金黄色葡萄球菌、链球菌等革兰阳性菌感染的治疗，同时本品也可用于支原体、衣原体等感染的治疗，特别是对支原体有特效，作用效果强于泰乐菌素。本品对磺胺类药物、青霉素等耐药的细菌或对泰乐菌素、泰妙菌素耐药的支原体均有效。

（7）林可霉素类

林可霉素：是一种链霉菌变异株的发酵产物，白色的粉末，微臭。主要通过阻止细菌肽链的延长，抑制细菌蛋白质的合成起作用。抗菌谱与大环内酯类抗生素相似，主要对革兰阳性菌、支原体起作用，对革兰阴性菌没有效果，肌内注射吸收良好，内服常吸收不良，可用于治疗金黄色葡萄球菌、链球菌等引起的感染，也可用于鸡慢性呼吸道感染的治疗。本类药物不宜与红霉素合用，但与大观霉素合用可增强对大肠埃希菌病或支原体病的疗效。鸡只可通过饮水给药，但是产蛋期鸡禁用。

（8）磺胺类药物及其抗菌增效剂

磺胺类药物：是一类合成的广谱抗菌药物的统称，主要通过干扰细菌叶酸代谢达到抑菌效果。本类药物一般性质稳定，价格实惠，与抗菌增效剂二甲氧苄啶等联合使用还可以增强其抗菌效果。

本类药物通常为白色或淡黄色粉末，主要对革兰阳性菌如链球菌、金黄色葡萄球菌等和部分革兰阴性菌如大肠埃希菌、沙门菌等起作用，某些磺胺类药物还可用来防治鸡球虫病。常用的磺胺类药物主要有磺胺恶啉、磺胺二甲基嘧啶、磺胺-6-甲氧嘧啶等。磺胺类药物如果长时间大剂量使用容易造成中毒，因此使用时要特别注意，剂量要准确，服药期间提供充足的饮水，促进药物的排出，产蛋期乌骨鸡禁止使用本类药物。

抗菌增效剂：是一类人工合成的能够增强磺胺类药物及多种抗生素作用效果的物质，常用的有甲氧苄啶和二甲氧苄啶。甲氧苄啶的抗菌谱与磺胺类药物类似，不过作用效果更强，对大肠埃希菌、巴氏杆菌、链球菌、金黄色葡萄球菌等都有效果，本品与磺胺类药物配合使用抗菌效果明显增强。因本品单独使用易产生耐药性，通常不作为抗菌药物单独使用，常按1：5的比例与多种磺胺类药物配合使用。二甲氧苄啶的作用机制与甲氧苄啶相同，不过抗菌效果较弱，通常只作为抗菌增效剂使用。产蛋期乌骨鸡禁用本类药物，肉用乌骨鸡宰前10天应停药。

（9）多烯类

两性霉素B：是一种多烯类的广谱抗真菌药物。通过损害真菌胞浆膜的通透性导致真菌死亡。主要用于隐球菌、假丝酵母菌、曲霉菌等真菌引起感染的治疗。两性霉素B对细菌、病毒无抗菌效果。本品毒性较大，不能与氨基糖苷类药物联用，联用可加强肾毒性。

制霉素：是一种多烯类的广谱抗真菌药物，为黄色或棕黄色粉末。本品对光敏感，遇酸、碱不稳定。抗菌谱及作用机制跟两性霉素B相近，不过毒性比两性霉素B更强。主要用于治疗鸡的曲霉菌病和假丝酵母菌病的治疗。

（10）聚醚类

聚醚类抗生素是由链霉菌产生的一类抗生素，可分为三类，分别为饱和聚醚抗生素、不饱和聚醚抗生素和含芳环聚醚抗生素。对革兰阳性菌效果很好，但对革兰阴性菌抗菌效果差，对球虫也有较强的作用。不过本类药物的毒性较大，在畜禽养殖中主要用作抗球虫药。常用的聚醚类抗生素有莫能菌素、盐霉素、马杜拉霉素等。

莫能菌素：又叫莫能霉素或"瘤胃素"，是一种聚醚类的离子载体抗生素，最初是链霉菌的一种发酵产物，因其可以调控瘤胃中挥发性脂肪酸比例，减少蛋白质的降解，常作为反刍动物饲料添加剂使用，其预混剂一般为黄褐色的粉末。莫能菌素除了可以调节反刍动物生长外还具有广谱的抗球虫效果，本药通过影响球虫虫体的钠、钾离子平衡，使球虫虫体吸水肿胀破裂而死亡，从而达到抗球虫的效果。本药对多种类型的球虫都有效，在养殖生产中主要作为反刍动物生长促进剂以及鸡球虫病的防治药物使用。虽然莫能菌素对金黄色葡萄球菌、链球菌等有较强的作用，但由于其安全范围小，用量过大容易引起中毒，所以不宜做抗菌药，产蛋鸡禁用本药物。

盐霉素：为动物专用的聚醚类抗生素。是一种白色链霉菌的发酵产物，为白色或淡黄色粉末，本品具有特殊的环状结构，通过与细胞中的钠、钾离子结合，影响细胞的浸透性，最后导致细胞裂解，从而发挥杀菌作用。盐霉素抗菌谱和莫能菌素相似，主要对革兰阳性菌和多种球虫起作用，同时还有促进动物生长的作用。用于防治鸡球虫，因鸡体容易排泄，很少残留，一般不易产生耐药性，不过本药的安全使用范围较窄，要严格按照使用说明给药，药物拌料混饲时要混匀，避免药物中毒。

马杜拉霉素：为单价的糖苷离子载体抗球虫药物，其作用机制和抗菌谱与莫能菌素和盐霉素相同，对多种球虫都有较好的作用效果，能够干扰球虫早期的发育阶段，主要作为抗鸡球虫药使用。因为马杜拉霉素的安全范围很窄，药物的使用剂量与中毒剂量相近，用药时要特别注意，稍有不慎就可能引起中毒，所以在使用时要严格控制药物的用量。

2. 抗病毒药物

（1）抑制病毒复制的药物

金刚烷胺：为白色或者淡黄色粉末，通过干扰、阻止病毒入侵宿主细胞起作用，抗病毒谱比较窄，可以抑制 A 型流感病毒，一般用于禽流感的早期防治，不过乌骨鸡使用该药物可引起产蛋下降，要慎用。

金刚乙胺：金刚烷胺的衍生物，抗病毒活性更强，毒性更低。

（2）干扰病毒复制的药物

病毒灵：又叫吗啉双胍，是一种核苷酸类广谱抗病毒药，通过干扰病毒核酸的复制来抑制病毒。主要用于禽流感、新城疫、传染性法氏囊病等的治疗。不过对禽流感的作用效果没有金刚烷胺和利巴韦林好。用法，按照每 100 千克水中添加 10～50 克药品进行饮水，连用 3～5 天。

利巴韦林：又叫病毒唑，是一种广谱抗病毒药，通过抑制病毒的核酸复制和病毒蛋白质的合成来起作用。可用于多种病毒的防治，不过该药对机体细胞有一定的毒性，不要长时间使用。用法：按照每 100 千克水中添加 2～5 克药品进行饮水，连用 3～5 天。

3. 抗寄生虫药物

球痢灵：又叫二硝苯甲酰胺，是我国近年来开发的一种新型抗球虫药，抗球虫谱广，对鸡的多种艾美耳球虫都有作用效果，特别是对毒害艾美耳球虫和柔嫩艾美耳球虫效果好，使用安全，可以有效地预防和治疗鸡球虫病。一般常混于饲料中给药，预防鸡球虫病可按每千克饲料中添加 125 毫克药物，治疗用药量加倍。乌骨鸡禁用本药物，休药期 3 天。

氨丙啉：氨丙啉为广谱的抗球虫药，白色粉末，因其结构与维生素 B_1 相似，能够抑制球虫维生素 B_1 的代谢来发挥抗球虫效果。本品主要对鸡柔嫩艾美耳球虫和堆型艾美耳球虫有较强的作用效果，对其他类型的艾美耳球虫作用效果稍差，常与磺胺类药物联用增强疗效。不过如果长时间用药浓度过高容易造成乌骨鸡维生素B_1缺乏，出现神经炎。在用药期间，要减少饲料中维生素B_1的含量，以免影响抗球虫效果。产蛋鸡禁用本药，休药期7天。

妥曲珠利：妥曲珠利又叫甲基三嗪酮或百球清，淡黄色或白色粉末，是一种新型的广谱抗球虫药，对多种艾美耳球虫有效，对各个发育时期的球虫均有较好的杀灭作用。作用机制是通过干扰球虫的细胞核分裂和呼吸代谢功能起作用。本品安全性高，一般没有不良反应，主要用于乌骨鸡球虫病的治疗。不过该药在鸡体组织中残留时间比较长，如果连续用药容易产生耐药性。

地克珠利：又叫杀球灵，微黄色或棕色粉末，是一种三嗪类新型的高效、广谱、低毒的抗球虫药。对多种球虫均有较好的作用效果，对不同发育阶段的球虫都有效果，药效比莫能霉素、氨丙啉等抗球虫药物好。给药时用量小，毒性低，需连续给药，服药期间中途停药，抗球虫效果会明显下降。不过长期使用本品易产生耐药性，宜与其他抗球虫药物交叉使用。

左旋咪唑：又叫咪唑，是一种人工合成的广谱驱虫药，具有高效、低毒等特点。对鸡蛔虫、异刺线虫等有较好的作用效果。同时本品还免疫增强作用，能够提高机体免疫力，对于免疫功能受损的动物效果更明显。可内服给药，鸡按每千克体重添加25～30毫克。

丙硫咪唑：又叫阿苯哒唑或肠虫清，是一种广谱、低毒的驱虫药。本品的作用机制是通过与线虫的微管蛋白结合，组织微管组装起作用。对鸡蛔虫、多种绦虫、吸虫都有比较好的作用效果，不过本品对鸡异刺线虫、蛔虫幼虫的效果不是很好。

枸橼酸哌嗪：又叫驱蛔灵，是一种高效、低毒的窄谱驱虫药，主要对蛔虫起作用。本品为白色粉末，通过麻痹蛔虫肌肉使之不能吸附在宿主的肠壁，从而促使蛔虫随粪便排出体外。

伊维菌素：是一种新型的半合成广谱、低毒抗寄生虫药，本品使用安全，一般不产生交叉耐药性。对家禽线虫如蛔虫、体外寄生虫螨、虱、蚤及粪便中的蝇、蛆等都有很强的驱杀效果，不过本品对于水生生物如鱼、虾有剧毒，使用时注意不要污染水体。

氯菊酯：又叫除虫精，是一种低毒的广谱杀虫药，通过触杀和胃毒来灭虫，对皮肤无刺激性，对各种卫生害虫如蚊、蝇、蜱、蛀、虱、蟑螂等都有较好的效果。不过本品对鱼类毒性较高，使用时注意不要污染鱼塘。

二、给药原则及给药方法

1. 一般给药原则

药物作为养殖场防治疾病的重要手段，其用药正确与否直接关系到养殖户的经济效益，也影响着乌骨鸡肉蛋产品的品质，同时也关系到消费者的健康。在进行乌骨鸡养殖过程中，某些养殖户存在用药误区，盲目使用或者滥用药物，造成药物费用增加，养殖成本过高，疾病防治效果差，耐药菌株不断涌现，肉蛋产品药物残留等问题。要避免这些问题的发生，就必须掌握合理的用药原则。

（1）给药的安全性原则

给药的安全性原则首先是要选用正规厂家生产的药品。药物包装要完好，标识明确。其次是在给药时要选择那些没有毒副作用的药物，还要考虑药物的配伍禁忌。同时也要根据药物的抗菌谱和适应证来选择药物。在明确了病原菌时，要尽可能地对症下药，如果是金黄色葡萄球菌等革兰阳性菌引发的疾病可选择青霉素类药物进行治疗；如果是大肠埃希菌、沙门菌等革兰阴性菌感染可选用氨基糖苷类药物进行治疗。如不能确定病原菌或混合感染，可选用广谱抗生素，或将某些药物联合使用。准确计算药物剂量和按规定剂量使用药物，要避免擅自增减药物用量，超剂量使用可能会出现药物中毒，减量使用药物可能达不到想要的治疗效果。

（2）给药的高效性原则

在给药时，要选择那些药效高、效果好的药物。针对一种鸡病应尽量选用1～2种药物就可以解决问题。要根据兽医对养殖场疾病的诊断结果选择药物，不要盲目使用新药、贵药，因为药物不是万能的。要有针对性地使用药物，如青霉素类药物治疗革兰阳性菌如金黄色葡萄球菌、感染的效果较好，而氨基糖苷类抗生素如卡那霉素、庆大霉素等治疗革兰阴性菌如大肠埃希菌、沙门菌病的效果较好；如果是由真菌引起的感染要选用抗真菌药物，细菌感染所用抗生素对真菌效果差，几乎没有效果。如果实在是病因不明时可采取广谱抗生素如氟苯尼考或者环丙沙星等药物进行治疗。

（3）给药的简便性原则

在用药时，投药方法应简单、易行，操作方便，同时又能保证药物能够快速进入鸡体发挥药效。可以选择口服药物进行治疗的，尽量不要选择肌内注射用药，一般来说治疗或者预防给药时尽量选择饮水给药，因为鸡群发病通常是饮水量增加而食欲减退，采用饮水给药，药物要易溶于水，容易被鸡只饮用吸收。如果选用拌料喂饲，药物不易混匀，加上病鸡厌食的话，病鸡难以摄入足够药物，达不到理想的药效。

（4）给药的经济性原则

对于鸡病的防治要在药物质量有保障，治疗效果好的基础上，尽量选用价格低廉的药物，这样可以有效地节约药物成本，提高养殖效益。千万不要只凭价格的高低来衡量药物质量的好坏。只要药物对疾病有很好的防治效果，而且没什么毒副作用，就可以选用。

2. 给药方法

因为鸡只对药物的吸收、代谢、排泄不一致，因此在用药时为保证药物效果，要根据用药目的、疾病的性质及药物的特性来确定给药方法，使药物发挥最佳的疗效。常见的给药途径有拌料给药、饮水给药、口服给药、注射给药和外用给药等。常见的给药方法一般分为群体性给药和个体给药，群体性给药主要有拌料给药、饮水给药、气雾给药、喷洒或者药浴等，个体给药主要有口服给药、注射给药。群体给药法的主要优点是省时省力、操作简便，容易实施，缺点是不能照顾到鸡群中每一只鸡，容易造成鸡群服用药物不均匀。个体给药优点是药物剂量准确，可以确保药物疗效，不过缺点是操作繁琐，费时费力。一般来说对于大批量乌骨鸡的预防性用药常用群体性给药，如饮水给药或拌料给药，可以节省劳动力和时间；对于少数鸡只的治疗常采用个体给药法如口服给药或者注射药，以保证用药剂量准确，确保药效的发挥。

（1）拌料给药

拌料给药是将药物与饲料混合均匀，使鸡只在采食饲料的同时将药物食入。拌料给药适用于乌骨鸡群的大批量给药，如用于预防疾病给药，以及给药周期较长时给药。某些药物不溶于水，或者治疗某些慢性疾病也可选择拌料给药，像乌骨鸡的沙门菌病、球虫病的用药。拌料给药时，注意要将药物和饲料充分混匀，可以事先将药物与少量饲料进行混合后，再加入剩下需要拌入的饲料进行逐步混匀，防止药物没有拌匀造成部分鸡只吃不到足够剂量的药物而起不到防治疾病的效果，而有些鸡只食入过量的药物引起中毒。

（2）饮水给药

饮水给药是将药物事先溶解在鸡只的饮用水中，再供鸡只自由饮用，让鸡只在饮水的同时将药物摄入体内。饮水给药时吸收较快，通常用于大规模鸡群的短期投药、紧急治疗或只饮水不吃料的病鸡治疗。一般来说使用的药物剂量越大，药效越强，因此某些安全范围广、毒性较小的药物在采用饮水给药进行治疗时，药物剂量可适当增大一点，不过不要超过规定的使用剂量，例如青霉素类药物。而对于那些安全范围较窄、毒性较大的药物，在饮水给药时投药剂量可以相对小一点，以免引起鸡只中毒，如呋喃类药物。饮水给药时也要准确计算剂量，药物要充分溶解后再投入使用，现用现配，在规定时间内一次性用完，用药前可对鸡群停水 2～3 小时后再投药。应使用干净的饮水，投喂时要准备充足的饮水器具，防止鸡只争抢或某些鸡只喝不到水而影响治疗效果。

（3）气雾吸入给药

气雾吸入给药是将药物用水稀释后通过喷雾，经鸡只呼吸道吸入的给药方法。由于乌骨鸡具有气囊，能够增加药物的扩散面积，从而增加对药物的吸收。气雾吸入投药法的优点是药物吸收快、药效确实、节约时间和劳动力。特别是对于乌骨鸡的呼吸道疾病的治疗，可选用此法。不过在使用此法的过程中所选择的药物应对鸡只呼吸道没有刺激性，并严格按照药物使用剂量进行使用。气雾吸入投药一般应在晚上进行，尽量减少噪声，避免惊群，喷雾后养殖场门窗应密闭 0.5～1 小时。

（4）喷洒或者药浴给药

喷洒或者药浴给药主要是将药物直接喷洒或附着于鸡只体表羽毛及皮肤，来杀灭病原微生物或者体表寄生虫。常用的方法有喷雾、沙浴、喷洒、水浴等，常用于鸡体表寄生虫病的防治。不过许多药物除了对体外寄生虫、病原菌有杀灭作用，对鸡体也有毒性作用。因此一定要严格按照药物用量和浓度进行使用，并尽量选用效果好、毒性小的药物，防止鸡只中毒。同时也要做好投药人员的自我防护措施。水浴时可将药物与水进行混匀放入小水缸或者水坑中，对要治疗的病鸡进行洗浴，要让药液充分浸透鸡只的羽毛，水浴前要保证鸡只得到充足饮水，避免鸡只饮用药水。沙浴可将药物与细沙进行混匀，让鸡只在沙池中洗浴。沙浴前要给鸡只提供足够的饲料，以免鸡只吃食药物。不管是水浴、喷雾还是沙浴、喷洒给药都要选择温度较高的时候进行，避免鸡只感冒，同时鸡只日龄较小不宜进行喷洒或者药浴给药。

（5）口服给药

口服给药常用于少数鸡只或个别鸡只的感染，适用于片剂、丸剂药物的使用。不过口服给药时有点费时费力，但是药物剂量准确，疗效有保证。当发病鸡只数量较少，或者病鸡没有食欲时可采用口服给药进行治疗。溶于水的药物可以先用少量水进行溶解后口服喂药。不溶于水的药物，可放入少量饲料，拌湿后再喂服。口服投药时要将鸡只固定，用手将病鸡的嘴掰开，用小勺将药物缓慢送入食管。口服给药时不要将药物投入气管。由于口服给药效率太低，在养殖场病鸡较多而人手不足时不宜采用。

(6) 注射给药

注射给药是通过注射器直接将药物注入到鸡体达到防治疾病效果的给药方法。注射给药的优点是给药量少，药物吸收快，剂量准确，也是比较常用的给药方法。生产上常用的注射给药方法有皮下注射和肌内注射，适用于发病时的紧急治疗或者个别治疗。对于那些难以被肠道吸收的药物，也可采用注射给药。皮下注射一般选择颈部皮肤进行注射，一些没有很强刺激性、易溶解的药物可以选择此种方法给药。给药时，一手捏起鸡只皮肤，一手持注射器，将针头刺入皮下 2～3 厘米，当回抽不见血，针头能自由活动时可以注入药物。肌内注射，一般选择胸部肌肉或者腿部肌肉，肌肉内血管非常丰富，给药后吸收快。注射时针头与肌肉呈 45 度斜角刺入肌肉 1～2 厘米，注意不要刺入太深，以免针头穿透胸腔，伤及鸡只内脏，选择腿部肌内注射时要避免伤及腿部大血管和神经。

三、用药注意事项

1. 注意预防性用药

一般都认为要等鸡发病了才开始用药，其实不然，在乌骨鸡的养殖过程中我们要有疾病预防重于治疗的意识，平时要注意搞好养鸡场的卫生消毒工作和疫苗的预防接种工作，不要等到鸡只发病后才想起用药，结果往往达不到理想效果，并且往往损失严重。

2. 不要使用过期变质药、淘汰药、伪劣药不要使用过期、变质的药物。当药物保存不当时，可能会发生潮解、氧化导致药物变质。使用变质的药物进行治疗不但达不到治疗的效果，甚至还可能会诱发不良反应，引起药物中毒。不要使用已经被淘汰的药物以及伪劣兽药，有的厂家生产的药物有效浓度非常低，使用其进行治疗时效果非常差，甚至是没有效果，最终延误病情，造成经济损失。

3. 不要盲目用药和重复用药

因为每种药物都有其特定的使用范围，当养殖场发生疾病时，要在兽医的指导下，按照兽医的诊断进行用药。不要随意用药，避免药物没有效果，造成经济损失。盲目用药有时不仅起不到效果，还可能造成病原菌对药物产生耐药性，造成某些疾病用什么药都不起作用。

市场上有许多药物商品名虽然不同，但可能化学成分是一样的，有些厂家不会标明。有时即使是同一种药物，不同厂家生产的商品名也不同，如药物化学成分是恩诺沙星，有的包装名称叫普杀平，有的叫恩康、诺康。有的厂家所生产的饲料中已经添加了某些药物来预防疾病，如喹乙醇，但是养殖户并不了解，如果重复使用了这种药物，将会造成药物超量引起中毒。

4. 给药途径要恰当

在乌骨鸡发病时，要根据实际情况选择给药途径，如果发病急，发病鸡数量较大时，宜采用饮水给药。如果是个别鸡只发病，可选择口服给药或者注射给药。

5. 注意药物的使用剂量与疗程

在使用药物时要严格按照药品说明书规定的使用剂量进行治疗。如果药物使用剂量过小，达不到治疗浓度，药物疗效降低，起不到治疗的作用，而药物使用剂量过大不仅造成药物浪费，药物成本增加，还可能会引起药物中毒。

不是用药一次就可以达到想要的治疗效果，一般治疗有一个过程，用药时间不足，疾病容易复发，时间太长造成浪费，导致养殖成本升高，还会使药物残留在鸡体，一旦被人类食用，不利于人类健康。因此要注意药物的使用疗程，通常用药以 3～5 天为一个疗程，一天用药 2～3 次，可以根据养殖场的实际情况进行调整。

6. 注意药物的配伍

兽医在临床上有时联合使用两种或以上的药物进行治疗以取得更好的疗效，这样可以减少单一药物的用量，减少药物的不良反应。但是往往由于对兽药知识缺乏了解，不合理地将不同性质的药物进行配伍，可能会使药效降低或导致药物中毒，甚至造成不良后果。例如庆大霉素不能和碱性的碳酸氢钠联用，碳酸氢钠可增加庆大霉素的毒性；卡那霉素不能与庆大霉素联用，否则会使毒性增加；青霉素不能与庆大霉素联用，两者混合后会使庆大霉素失效；敌百虫不能与碱性药物合用，因两者混合会生成敌敌畏，其毒性是敌百虫的 10 倍。

7. 严格遵守休药期

从药物进入乌骨鸡体内，到鸡体将大部分或者全部药物代谢完毕，需要一段时间，只有进入鸡体的药物大部分或者全部排出体外，乌骨鸡的肉、蛋产品才不会有药物残留，被人类食用后不会影响人体健康。从最后一次用药到鸡体将药物代谢排出，肉蛋产品达到相关食用标准可以上市销售所需的时间，叫作休药期，也叫停药期。如果不遵守药物的休药期规定进行合理用药，可能会导致肉蛋产品药物超标，使产品不能上市，给养殖场带来不必要的损失。因此在使用药物进行鸡病预防或治疗时一定要按照药物的使用说明进行使用，严格遵守药物的休药期规定，在产蛋期间和鸡肉产品上市期不得用药，未满休药期的肉蛋产品不能上市。

第三节　常用消毒剂及使用

消毒就是利用物理或者化学的方法清除环境中的病原微生物（细菌、真菌、支原体、病毒等），或将其杀灭使之失去活性，从而切断疾病的传播途径，阻止疾病的传播。对乌骨鸡养殖场进行消毒可以杀死多种病原微生物，减少经空气传播的疫病如新城疫、禽流感的发生概率，也可减少环境中病原体如大肠埃希菌病、霍乱、球虫病等引起的感染。要对鸡场进行消毒就需要使用消毒剂。消毒剂的使用可以有效地杀灭病原微生物，使之不再危害乌骨鸡，达到预防疾病的目的。

一、常用消毒剂的使用

1. 甲醛

甲醛又叫福尔马林，是一种广谱消毒剂，对细菌、病毒等都具有杀灭作用，不仅可以杀灭细菌繁殖体，对细菌芽孢也有杀灭作用，一般用于仓库、孵化室或者种蛋保藏室的熏蒸消毒。在采用甲醛熏蒸时，一般每立方米空间按福尔马林和高锰酸钾 28：14 克进行熏蒸，温度要求在 15℃以上，低于 15℃时达不到理想的效果，要求相对湿度在 60％以上，温度和湿度越高，消毒效果越好。

在进行甲醛熏蒸前要将门窗紧闭，熏蒸完毕后要打开门窗通风。因甲醛对人的黏膜有刺激性，熏蒸消毒时要注意操作人员的防护。对鸡舍进行熏蒸消毒一般是在进鸡前进行，熏蒸消毒后要空置几天再投入使用。甲醛也可以用于器具的洗刷和浸泡消毒，一般使用3％～4％甲醛即可。

2. 氢氧化钠

氢氧化钠也叫烧碱，是一种强碱性和腐蚀性的高效消毒剂，通常用其溶液进行消毒。氢氧化钠可以杀灭多数病毒、细菌及细菌芽孢,也可杀灭多种寄生虫卵,但其对人类及鸡体、养殖场设备等具有强烈的腐蚀作用。通常用于养殖场环境、养殖场门口消毒池、空鸡舍地面的消毒。常用2%～3%的氢氧化钠溶液对病原污染的鸡舍地面、器具及运输工具等进行消毒,可杀灭大部分细菌和病毒,要杀灭细菌芽孢常用5%～10%的氢氧化钠溶液。因氢氧化钠的强碱性和腐蚀性,操作时要注意人员的防护,戴橡胶手套进行操作。消毒过后,待消毒地面或器具干燥后,需要再用清水冲洗1～2次,洗掉残余的氢氧化钠,热的氢氧化钠溶液消毒效果更好。

3. 过氧乙酸

过氧乙酸也叫过氧醋酸,是一种强氧化剂,也是一种高效的杀菌消毒剂,杀菌快,杀菌谱广,对多种细菌、病毒、真菌都有效,还能杀死细菌芽孢,广谱高效,适用于鸡场环境、一般物体表面及鸡场器具和设备的消毒,无毒害物质残留。但过氧乙酸具有腐蚀性和刺激性,特别是高浓度使用时容易灼伤皮肤和腐蚀金属制品,使用时要注意。一般0.5%的过氧乙酸可用于对鸡舍地面、墙壁的消毒,0.2%的过氧乙酸可用于养殖场器具和工作人员衣物的浸泡消毒。0.02%的过氧乙酸可用于饮水消毒。不过过氧乙酸遇热和光照容易分解,特别是在高热环境中容易爆炸,因此要注意将其存放在阴凉处,使用时现用现配。

4. 高锰酸钾

高锰酸钾,也是一种强氧化剂,对多种病原体具有杀灭作用,是鸡场常备的消毒药品。常用高锰酸钾的水溶液进行消毒。0.01%～0.02%的高锰酸钾溶液可用于饮水消毒,可在鸡只断喙前后饮用,具有消炎、止血的作用。0.05%的高锰酸钾溶液可用于入孵种蛋或饲喂器具的浸泡消毒,不过浸泡时间不宜过长;0.05%～0.2%的高锰酸钾溶液可用于鸡只体表伤口如啄伤、鸡痘去痂伤口的消毒,防止皮肤感染;2%～5%的高锰酸钾溶液能够杀死细菌芽孢,一般用于鸡舍环境的消毒;此外高锰酸钾与甲醛联用用于鸡场或者种蛋室熏蒸消毒。

5. 来苏水

来苏水是甲酚的肥皂溶液，是一种呈黄棕色或红棕色的黏稠液体，有特殊的粪臭味，对人和鸡体有一定的毒性。一般用1%～2%的来苏儿溶液进行洗手消毒，3%～5%的来苏水溶液可用于鸡舍地面、墙壁、运输车的喷洒消毒，也可用于养鸡场用具的洗刷。因来苏水有特殊的粪臭味及毒性，通常不能作种蛋、鸡体及鸡的肉、蛋产品库房的消毒。并且用来苏水溶液消毒过的物品，都必须用干净的清水冲洗1～2次。

6. 新洁尔灭

新洁尔灭又叫苯扎溴铵，属于季铵盐阳离子表面活性剂，同时具有杀菌和去垢的作用，性质比较稳定，容易存放。市场上出售的商品有浓度为1%，2%，5%和10%的新洁尔灭制剂。常用其0.1%的溶液进行洗手消毒或养鸡场用具、种蛋的浸泡消毒。用于种蛋浸泡时，水温一般为40～43℃，浸泡时间不宜过长，一般2～3分钟。新洁尔灭对革兰阳性菌的作用效果较好，但是对革兰阴性杆菌、病毒等消毒效果差，也不能杀死芽孢，是一种低效的消毒剂，不适合用作饮水、粪便以及污水等的消毒剂，也不可与肥皂、过氧化氢等联用，以免失效。

7. 漂白粉

漂白粉是次氯酸钙、氯化钙、氢氧化钙三者的混合物，不过主要成分为次氯酸钙，是一种白色粉末，吸湿性强，是一种广谱高效的消毒剂，可用于饮水、鸡舍、鸡场器具、粪便等的消毒。1%～3%的漂白粉溶液可用于饲料槽、饮水器的消毒。5%的漂白粉溶液可用于鸡舍地面以及墙壁的消毒。每千克水中加入6～10毫克漂白粉可对饮水进行消毒，搅拌均匀后半小时即可供鸡只饮用。不过漂白粉不能用于金属制品的消毒，因其对金属制品具有腐蚀性。

8. 百毒杀

百毒杀是一种高效的广谱杀菌剂，为双链季胺盐化合物，能杀灭多种细菌、真菌和病毒。百毒杀对人类和鸡体无毒、无腐蚀、刺激性，性质比较稳定，能够长期存放。低浓度的百毒杀就可以杀灭多种病原微生物。可用于鸡群饮水消毒、鸡舍带鸡消毒、鸡舍用具消毒和鸡舍环境的消毒。市售的商品有 10％和 50％的百毒杀制剂，可用 10％的百毒杀溶液按 1：1000 倍进行稀释后用于饮水消毒，用于器具的洗刷或者浸泡消毒时浓度可以加倍。

9. 氧化钙

氧化钙又叫生石灰，遇水可以变成氢氧化钙，发挥消毒效果，成本低廉，容易购买。常用于鸡舍地面、墙壁、粪池的消毒。用于鸡舍消毒，可以先在鸡舍地面喷洒适量的清水，再将生石灰均匀地撒在地面上，生石灰与水发生反应可以生成强碱，发挥消毒效果。用于鸡舍墙壁的消毒可将生石灰与水混合配成 10％～20％的石灰乳溶液，用刷子将其刷到墙壁上。由于生石灰暴露在空气中容易吸收二氧化碳形成不具有消毒作用的碳酸钙，所以在使用生石灰消毒时应现用现配。同时生石灰不能与漂白粉混用，会降低消毒效果，也不能与敌百虫联用，容易加强敌百虫的毒性。

二、消毒剂使用的注意事项

1. 要选用高效、低毒、实惠的消毒剂

要选用那些平常容易买到，容易溶解于水中，同时又对人和鸡体没有什么毒副作用，使用起来安全，对养殖场用具无腐蚀作用，使用后没有残留毒性，并且对多种病原菌有效，多次使用后都不会在鸡体或蛋产品中积累或残留的消毒剂进行消毒。所以说选用的消毒剂既要保证消毒效果，又要安全、价格低廉，因为养殖过程中经常需要消毒，高效实惠的消毒剂可以有效地节约养殖成本。

2. 要根据消毒对象选用消毒剂

进出鸡场人员消毒，可在消毒池放入 2％的烧碱溶液或者 20％的石灰乳溶液，双手消毒可选用 0.1％的新洁尔灭溶液或者 0.05％的百毒杀溶液进行洗手或浸泡；对于鸡舍的消毒可以选用甲醛与高锰酸钾进行熏蒸消毒，也可用漂白粉或者生石灰进行消毒；鸡舍周围环境可喷洒烧碱溶液或者撒上生石灰进行消毒，污水池、下水道口可用漂白粉进行消毒；鸡舍用具的消毒可选用 0.1％新洁尔灭浸泡或者喷雾消毒；饮水消毒可用漂白粉或者 0.01％的高锰酸钾溶液或者百毒杀溶液进行消毒；带鸡消毒则应选用对鸡体毒性小，无腐蚀性的消毒剂，如新洁尔灭、百毒杀、过氧乙酸溶液等。

3. 饮水消毒、带鸡消毒要慎重

饮水消毒是在饮水中添加消毒剂，杀灭饮水中的微生物，经过消毒后的水再给鸡饮用。饮水消毒时要注意，消毒剂要按规定浓度进行使用，消毒剂浓度太高或者长期使用可能会引起急性中毒，也可能会杀死在胃肠道内定居的正常菌群，容易引起鸡体胃肠道的消化吸收功能紊乱，危害鸡只健康。饮水消毒时使用的消毒剂可能会对鸡体的胃肠道黏膜产生刺激，影响鸡体对营养物质的吸收和利用，所以一般不对 1 月龄以下的鸡群进行饮水消毒。

带鸡消毒是指在鸡群还没有发生疫情时，在鸡舍还有鸡的情况下，利用消毒剂对鸡舍进行喷雾消毒，降低鸡舍内环境中的病原微生物的含量，减少疾病的发生与传播。带鸡消毒时间最好选在气温高的中午，或者适当提高鸡舍温度，消毒药液温度也要合适，一般要高于鸡舍内温度，避免鸡群受凉。消毒时消毒剂不能直接对着鸡头喷洒，雾滴大小要合适，雾滴太小容易诱发鸡群呼吸道疾病，雾滴太大又会造成鸡舍过于潮湿，不利于鸡群健康。带鸡消毒时可能会对鸡群造成应激，所以在操作时动作要轻，还可在消毒前 12 小时给鸡群补充复合多维。养鸡场通常不做带鸡消毒，或最多每月进行 1 次，如果操作不当，不仅起不到消毒效果，还可能会引起鸡只生产性能下降。

4. 消毒要适度

虽然经常对养鸡场进行消毒可以预防或者减少鸡病的发生，但是如果消毒过于频繁，对养鸡业也是非常不利的。消毒过于频繁会导致消毒剂在鸡体积聚，消毒剂或多或少还是有点毒性，不利于鸡体健康，同时经常消毒容易打乱鸡体胃肠道内微生物平衡，引发肠道疾病的发生。频繁消毒也会增加鸡场的养殖成本，降低经济效益。

5. 其他注意事项

在消毒时不要一直使用一种消毒剂，而应该选择不同的消毒剂轮流使用，可以每月轮换一次。在鸡群免疫前后 2～3 天不要进行消毒，因消毒剂可能对活疫苗或者鸡只产生不利影响，降低免疫效果。

第四节　乌骨鸡常见细菌性疾病

一、乌骨鸡大肠埃希菌病

乌骨鸡大肠埃希菌病是由革兰阴性菌大肠埃希菌所引起的一种细菌性传染病。常常引起腹泻、腹膜炎、输卵管炎、脐炎等，危害乌骨鸡养殖业。

1. 病原及流行病学

本病的病原为致病性大肠埃希菌。大肠埃希菌是一种革兰阴性菌，有多种血清型，因此引发的疾病症状较多，常常与其他病原如霉形体混合感染，也常继发于其他疾病如新城疫、禽流感，造成经济损失。

当天气过热、过冷或者鸡群饲养密度过高、鸡群营养不良，鸡群抵抗力下降，容易引起本病。病鸡可向外界排出病菌，污染鸡舍环境。本病一般经饮水、饲料等传播。含有致病性大肠埃希菌的粪便可污染种蛋，感染鸡胚，影响鸡胚的发育甚至导致胚胎死亡。

2. 临床症状

通常病鸡昏昏欲睡、采食量下降、羽毛蓬松、病鸡离群呆立，腹泻，肛门周围的羽毛常常黏有黄白色或绿色稀粪，有的病鸡关节肿大、不愿走动或跛行，鸡爪干瘪，病鸡逐渐消瘦。幼龄乌骨鸡死亡率较高，患病乌骨鸡月龄越大，死亡率越低，有的仅表现出关节炎或者母鸡出现输卵管炎。患大肠埃希菌性脐炎的雏鸡常精神萎靡，厌食，腹部膨大，脐周皮肤红肿，如果不及时进行治疗多在5～7天内死亡。

3. 病理变化

病鸡肝脏肿大，肝脏表面有黄白色的纤维素性渗出物，形成假膜，有些病鸡肝脏表面有针尖大小的灰白色坏死点，有时肝脏表面有粟粒大小的肉芽肿；病鸡气囊混浊，气囊上有灰白色的干酪样渗出物，脾肿大，有的病鸡肠黏膜出血、溃疡，心包积水、发炎，心包膜增厚，表面有黄白色的纤维素性渗出物，腹腔积水，产蛋鸡有时卵泡破裂，流入腹腔，引起卵黄性腹膜炎，患大肠埃希菌性关节炎的病鸡常常关节肿大，发生脐炎的雏鸡常卵黄吸收不良，肠道有卡他性炎症，肝脏肿大。

4. 防治措施

大肠埃希菌是一种条件性致病菌，当养殖场环境差，或者鸡群受到应激时比较容易发病。平时预防应加强鸡场的饲养管理，搞好卫生消毒，创造良好的养殖环境，减少应激，加强营养，减少本病的发生。本病治疗要做到早发现早治疗，一般选用大肠埃希菌敏感抗生素治疗可起到良好的治疗效果。庆大霉素，按每千克体重0.5万～1万国际单位一次性肌内注射，每天用药2次，连续用药3天。丁胺卡那霉素，按照每千克体重10～20毫克进行肌内注射，每天用药2次，连用3天，休药期14天。中草药可用黄柏、黄连、大黄各 100 克，用水煎取汁，加水适当稀释后供 1000 只鸡饮用，每天 1 剂，连续用药 3～5 天。如果到了大肠埃希菌病感染后期，病情比较严重，用抗生素治疗一般没有什么效果。

二、乌骨鸡沙门菌病

乌骨鸡沙门菌病是由革兰阴性菌沙门菌所引起的细菌性疾病的统称，沙门菌血清型比较多，常见的乌骨鸡沙门菌病有乌骨鸡白痢、伤寒和副伤寒。因本病病原可污染种蛋进行垂直传播，乌骨鸡养殖场一旦出现本病，可代代相传，难以净化，所以对养鸡场的危害较大。

1. 病原及流行病学

乌骨鸡沙门菌病的病原是沙门菌，沙门菌属于革兰阴性杆菌，血清型较多，乌骨鸡白痢由鸡白痢沙门菌引起，各种月龄的乌骨鸡都可感染，尤其是对幼龄乌骨鸡危害比较大，有比较高的发病率、死亡率，病鸡即使恢复后也可长期带毒。成年乌骨鸡感染一般为慢性感染或不出现症状的隐性感染，病程较长，死亡率较低，本病可由种蛋传播给下一代，乌骨鸡养殖场一旦感染则可代代相传，难以彻底根除。

乌骨鸡伤寒由鸡伤寒沙门菌引起，3 个月以上的大龄乌骨鸡多发，病鸡和带毒鸡通过粪便、分泌物等向周围环境排毒，污染饲养用具、饲料和饮水。本病可经消化道传播，也可由种蛋垂直传播。

乌骨鸡副伤寒是指由各种能运动的沙门菌引起的一类疾病的统称，副伤寒对幼龄乌骨鸡危害较大，死亡率较高，成鸡通常不出现症状，一般为隐性或慢性感染，病鸡可长期对外排毒，难以消灭，影响整个鸡场的生产性能。副伤寒也是一种人畜共患病，危害人畜健康。本病一般经消化道感染传播，也可通过皮肤创伤感染，并且鼠类、某些昆虫都能够携带此菌，如果饲养管理不当，养殖场环境卫生差，鸡只营养不良均能诱发本病。

沙门菌对外界环境理化因素抵抗力不强，一般常用的消毒药如1‰的高锰酸钾可将其杀灭。沙门菌病一年四季都可能发生，特别是卫生状况差和饲养管理不当的乌骨鸡养殖场。

2. 临床症状

乌骨鸡白痢：2周龄左右的乌骨鸡多发，死亡率较高，随着日龄增大，死亡率下降。病鸡不食，羽毛蓬松，翅膀下垂，挤堆，闭目昏睡，拉稀，粪便为白色或者淡黄色，有时污染肛周的羽毛，粘住肛门，使病鸡排便困难。成年乌骨鸡一般不出现明显症状，偶见病鸡精神差或者拉稀，产蛋期感染则产蛋率下降。

乌骨鸡副伤寒：幼龄乌骨鸡一般表现为昏睡、不食，羽毛松乱，拉水样稀粪，有的怕冷挤堆，日龄越小死亡率越高。成年乌骨鸡感染本病一般不出现明显症状，有的轻微拉稀，产蛋期乌骨鸡产蛋下降。

乌骨鸡伤寒：若种蛋带菌，可出现死雏和死胚，即使种蛋能够孵化，孵出的也是病弱乌骨鸡，以后也会发育不良。若是幼龄乌骨鸡感染本病，其症状与乌骨鸡白痢发病后的症状基本相同。成年乌骨鸡感染后体温升高，呼吸急促，无精打采，采食下降，拉稀，急性发病病程一般为2～7天，某些病鸡在发病一周内死亡。

3. 病理变化

乌骨鸡白痢：雏乌骨鸡肝、脾肿大，肝表面有大小不一的灰白色坏死点；心包增厚，有时心肌表面可见灰白色坏死点；肾脏肿大充血，盲肠肿大。成年乌骨鸡肝、脾肿大，肝呈土黄色或黄绿色，肝脏表面有大小不一的灰白色坏死点，质脆易碎，心脏肿大变形，母鸡卵巢发育不良，卵泡形状不规则，或颜色出现异常，呈黄绿色或者灰黑色，有时病鸡的卵泡可落入腹腔，卵泡破裂后可与腹腔多处内脏粘连，形成腹膜炎。

乌骨鸡副伤寒：病鸡肝脏、脾脏肿大，肝脏呈古铜色，肝脏表面有许多大小不一的针尖状的坏死点，心包积液、发炎，肾肿大。

成年母鸡卵巢、卵泡充血、变形、颜色异常，偶尔可见肠道卡他样炎症。

乌骨鸡伤寒：最急性病鸡常无明显病变，迅速死亡，急性病鸡可见肝脏、脾脏和肾脏肿大。亚急性或慢性病鸡症状跟白痢症状相似，心包积液，心脏表面有灰白色的坏死结节，肝、脾、肾肿大，肝脏表面有针尖状大小不一的灰白色坏死点，肠道有时有卡他样炎症，母鸡卵巢萎缩，卵泡充血或变形，卵黄破裂引起腹膜炎。

4. 防治措施

对于乌骨鸡沙门菌病的预防，首先是在引进种鸡、种蛋时要特别注意，不要从疫区引进，有条件的养殖场可以进行自繁自养，避免从外面引入本病。其次是平时要搞好鸡场的卫生，定期对鸡舍、育雏室进行消毒，种蛋、孵化器在入孵前也要进行消毒，同时给鸡只提供合理全面的营养，增强其抵抗力，减少本病的发生。

治疗：可选用庆大霉素、丁胺卡那霉素、环丙沙星等敏感抗生素进行治疗，病情较轻可以混饲给药，病情严重时可以肌注给药。庆大霉素按每千克体重 0.5 万～1 万国际单位进行肌注，每日 2 次，连续用药 3～5 天或用丁胺卡那霉素按每千克饲料添加 0.15～0.25 克进行混饲，连续用药 3～5 天，环丙沙星按每 100 千克饮水中添加 100 克药物进行饮水，连续用药 3～5 天。中草药治疗：取马齿苋、藿香、苍术各 100 克，加水 1000 毫升，煎至 500 毫升，去渣，加入红糖 50 克，融化后，待温度适合时每只鸡服用 1 毫升，连续用药 3～5 天，对鸡白痢的防治有比较好的效果。取鱼腥草 240 克，蒲公英 150 克，地锦草、马齿苋各 120 克，绵茵陈、桔梗各 90 克，车前草 60 克煎汁，此为 600 只雏鸡的用量，或取大黄、黄连、龙胆各等份，共研为末，制成绿豆大小的药丸，雏鸡每次 2 粒，每天 2 次，成年鸡每次 4 粒，连喂数天。同时有研究表明白头翁散、复方"小马散"对鸡沙门菌病均有良好的防治效果。

三、乌骨鸡葡萄球菌病

乌骨鸡葡萄球菌病是一种主要由革兰阳性菌葡萄球菌引起的条件性细菌传染病，主要特征是病鸡出现败血症、皮肤伤口溃烂、雏鸡脐炎、化脓性关节炎等症状。本病对鸡胚、雏鸡的危害较大，发病率高，死亡率也较高，成年乌骨鸡一般为慢性感染，症状较轻，通常不会死亡。

1. 病原及流行病学

本病的病原主要是金黄色葡萄球菌，是属于葡萄球菌属的革兰氏阳性球菌，各种年龄的乌骨鸡都可感染，尤其是对幼龄乌骨鸡、鸡胚危害比较大，主要引起败血症、关节炎和脐炎。金黄色葡萄球菌对外界环境有一定的抵抗力，不过煮沸可以迅速杀死病原。

葡萄球菌是一种在自然界分布很广的微生物，平时存在于土壤、地面、物体表面、饲料、粪便中，也存在于健康乌骨鸡的皮肤、呼吸道黏膜，可经过损伤的皮肤和黏膜感染，也可以经呼吸道和消化道感染，雏鸡通常通过脐带感染。本病的发生没有明显的季节性，全年都可发病，经常下雨或潮湿的时候以及鸡体皮肤或黏膜损伤、抵抗力下降时多发。本病以 40～60 日龄的乌骨鸡多发，成年鸡很少发病。

2. 临床症状

乌骨鸡葡萄球菌病的临床症状表现多样，主要以败血症型、关节炎型和脐炎型居多。急性败血型葡萄球菌病以中雏多发，病鸡精神萎靡，不爱活动，呆立一边，垂头缩颈，翅膀下垂，闭眼昏睡，羽毛松乱无光泽，食欲降低。某些病鸡拉绿色或黄白色稀粪。某些病鸡的胸部、腹部、大腿等多处皮下水肿，呈紫色，用手触摸有波动感，局部脱毛。某些病鸡皮肤自然溃烂，有紫红色的血水渗出，有的病鸡多处皮肤浮肿、出血、糜烂，病鸡通常在 3～5 天死亡。

关节炎型葡萄球菌病病鸡主要表现为多个关节出现炎性肿胀，

通常以趾关节常见，关节肿大呈紫黑色。病鸡因关节肿大或疼痛常常伏卧在地，不愿行走，跛行，通常还有食欲，但常因采食困难，慢慢消瘦，最终死亡，病程可持续10多天。特别是在养殖规模较大的大群饲养时比较明显。

脐带炎型葡萄球菌病：刚出壳雏鸡多发，病鸡畏冷挤堆，腹部膨大，脐孔发炎，周围红肿潮湿，有暗红色炎性分泌物。脐炎型病鸡通常在3～5天死亡。

眼型葡萄球菌病：此型葡萄球菌病可发生在败血型葡萄球菌病的中、后期，也可单独发生。表现为病鸡的头部肿大，眼睑肿胀，眼周有脓性分泌物将眼睛粘住，掰开眼皮可见结膜红肿，眼内有大量炎性分泌物。病程较长的病鸡，后期会双眼失明。大多数病鸡因视线不好影响采食或被其他鸡只踩踏，最后消瘦、虚弱死亡。

肺型葡萄球菌病：主要症状是病鸡出现呼吸障碍。也有的与败血型同时出现，死亡率为10%左右。

3. 病理变化

急性败血型：病鸡胸腹部脱毛，皮下充血、水肿，紫黑色，内有大量胶冻样积液，大腿内侧水肿。胸部、腹部可见散的出血点。肝脏、脾脏肿大，心包积液，有的病鸡心脏脂肪、心外膜出血。

关节炎型：病鸡多处关节肿大充血，关节囊内出现大量浆液性渗出物。慢性病鸡，关节囊内呈干酪样坏死，关节变形。

脐炎型：病雏脐部肿大，脐周有暗红色渗出物。肝表面有出血点，卵黄吸收不良。有的病鸡体表出现坏死性皮炎。

眼型：除了眼睛的症状外一般无其他病变。

肺型：肺部水肿、瘀血，有时有紫黑色坏疽。

4. 防治措施

预防：葡萄球菌是周围环境中的一种常在菌，要减少本病的发生，平时要注意预防，避免鸡体皮肤或黏膜损伤，减少葡萄球菌感染的机会。在给鸡断喙、免疫接种以及皮肤出现外伤时要及时消毒，避免伤口感染。平时要搞好养殖场卫生，定期对鸡舍、饲养用具进行清洗和消毒，经常通风、保持干燥，可以减少乌骨鸡被病菌感染的机会。同时加强鸡场管理，提供充足的营养，饲养密度要适当，避免鸡群拥挤，增强鸡只的体质，提高其抵抗力。在种蛋孵化时搞好卫生和消毒，防止种蛋受到污染。

本病可用氨苄青霉素、诺氟沙星、土霉素等药物进行治疗。氨苄青霉素按每千克体重2万～5万国际单位进行肌内注射，每天2次，连续使用3天。或者诺氟沙星按每千克饲料添加0.1克拌匀混饲，连用5天。或用土霉素按照0.2%拌料混饲，连用3～5天。中草药可用鱼腥草、麦芽各90克，菊花80克，黄柏50克，连翘、白及、茜草、地榆各45克，大黄、当归各40克，知母30克混合粉碎，按每只鸡每天3.5克拌料喂服，连续使用4天。或用黄连、黄芩、焦大黄、茜草、神曲、甘草、大蓟、板蓝根各等份混合粉碎，每鸡取2克喂服，每天1次，连用3天。

四、乌骨鸡霍乱

乌骨鸡霍乱是由多杀性巴氏杆菌感染导致的高致死性传染病，一般表现急性败血症，死亡率高，对乌骨鸡养殖业危害极大。

1. 病原及流行病学

本病的病原是多杀性巴氏杆菌，是一种条件性致病菌，革兰阴性，菌体两端钝圆，呈球杆状。对外界环境抵抗力不强，太阳直射、干燥环境中存活时间不长，常用消毒剂可将其杀死。

本病病原平时可存在于健康鸡的呼吸道，当机体抵抗力下降或者饲养管理不当，营养物质缺乏时容易引起发病。病鸡及带菌鸡是本病主要的传染源，主要通过消化道和呼吸道感染，皮肤创伤也可感染本病。本病虽然全年都可发生，但是在春秋季气候多变时多发。幼龄乌骨鸡对本病有一定的抵抗力，月龄稍大、生长快的乌骨鸡多发。

2. 临床症状

最急性病鸡通常突然倒地死亡，一般无明显症状，病程很短，几分钟到几小时不等，通常是那些平时健壮、生长较快的鸡多发。急性病鸡不爱活动，羽毛蓬松，闭眼昏睡，埋头缩颈，翅膀下垂，离群呆立，不食。有的病鸡呼吸困难，拉灰白色或黄绿色水样稀粪，污染肛门周围羽毛。病鸡体温升高，1～3天后昏迷、痉挛、死亡。慢性病例通常由急性病鸡不死转变而来，一般病程稍长，主要表现为食欲下降，常常拉稀，关节肿大，有的跛行。

3. 病理变化

最急性病鸡通常没有明显的病理变化，急性病鸡剖检可见腹膜、腹脂有出血点，心包积液，淡黄色，心外膜、心脏脂肪出血，肝肿大，表面有针尖大小的灰白色坏死点，肺部水肿充血。脾脏、肾脏肿大，小肠黏膜充血、出血，特别是十二指肠，肠道内容物含有血液。慢性病鸡消瘦，仅心包内稍有积液，心外膜有出血点，表现为呼吸道症状的病鸡，仅鼻窦有少量黏液，有的肺稍变硬，表现关节炎的病鸡仅关节肿大，有渗出物，一般无其他明显病变。

4. 防治措施

因巴氏杆菌常常在健康乌骨鸡的呼吸道存在，只有当环境突然改变，或者出现不良应激造成鸡群抵抗力下降时容易发病，因此平时主要是要搞好鸡场的饲养管理，做好日常的卫生工作，定期对鸡场进行消毒，减少对鸡群的应激。

一旦发病要将病鸡隔离，选用敏感药物进行治疗，同时对整个鸡场及器具进行消毒。治疗可用链霉素、青霉素各2万～5万国际单位，分别进行肌内注射，每天2次，连用3天，也可用恩诺沙星、诺氟沙星、氧氟沙星等进行治疗，可饮水也可拌料混饲，效果较好，病情严重或者病鸡不食也可进行注射给药。中草药可用大黄、黄芩各25克，乌梅、白头翁各30克，苍术20克，当归、党参各 15 克，煎汁拌料喂服，为 1000 只雏鸡一次用量，连续用药 3～5 天。或用穿心莲 100 克，黄芩、黄连各 90 克，金银花、大青叶各 80 克，加水熬汁，取药汁拌料或直接作饮水喂服，此为 800～1000 只鸡一次用量，连用 3 天。

五、乌骨鸡支原体病

乌骨鸡支原体病是由鸡毒支原体引起的一种慢性呼吸道传染病。本病发病慢、病程长。主要出现咳嗽、张口呼吸等呼吸道症状。一般以 1～2 月龄的雏鸡多发，特别是在饲养密度高的养殖场更容易发生本病。

1. 病原及流行病学

本病的病原是鸡毒支原体，革兰染色为弱阴性。鸡毒支原体对外界理化因素的抵抗力不强，离体后很快失活，常规消毒剂可将其杀死，但是在低温条件下可长期保存。

病鸡和隐性感染带毒鸡是本病的主要传染源，其咳嗽排出的液体带毒，传播途径是呼吸道，也可通过被污染的人员或器具接触性感染。本病也可经种蛋垂直传染给其后代。一年四季都可发病，尤其是寒冷的季节多发。各种年龄的乌骨鸡都可感染本病，不过以 1～2 月龄乌骨鸡多发。虽然本病的发病率高，但死亡率比较低，一般在 10%～30%，主要是影响鸡只的生产性能。不过本病常继发感染于新城疫、传染性支气管炎、大肠埃希菌病等其他疾病，造成严重的经济损失。

2. 临床症状

一般表现为典型的呼吸道感染症状，病鸡咳嗽、打喷嚏，有浆液性或黏性鼻液流出，鼻孔堵塞，随着病程的延续出现呼吸困难，呼吸道啰音，鼻腔、眶下窦有大量的炎性渗出物蓄积，导致眼睑肿胀。病鸡食欲下降，营养不良，慢慢消瘦。成年鸡单独感染本病，一般呈隐性感染，无明显症状，只有生产性能下降，如母鸡产蛋量下降、种蛋孵化率降低和体重增长减慢，如与其他疾病继发感染则症状比较复杂。

3. 病理变化

本病的主要病变为病鸡多处呼吸道黏膜充血、水肿。主要表现为病鸡的鼻腔、气管、支气管肿胀，有黏液性渗出物。气囊增厚、混浊，有炎性黏液渗出物，慢慢形成念珠状的干酪样结节，有的肺部有黏液性渗出物。有的病例眼部有黄白色黏性或干酪样渗出物，有的出现关节炎，关节内液体增多，由清亮到浑浊，有的与大肠埃希菌混合感染出现心包炎或肝周炎症状。

4. 防治措施

乌骨鸡支原体病比较常见，也比较难以根除，本病不但可以水平传播，也可以经种蛋垂直传播，还可与其他疾病并发感染或继发感染于其他的疾病，使病情复杂化、严重化。养殖环境和饲养管理的好坏，关系到是否发生本病及发病的严重程度。当鸡群感染了其他病原微生物，或鸡场卫生差、饲养密度高、鸡只营养不良、气候突变等导致鸡体抵抗力下降时，均可诱发本病，或加重病情。如果气候稳定，鸡场通风良好，在进行气雾免疫时要注意雾滴大小合适，加强营养，饮水中添加适量抗生素防止继发感染等，均可降低本病的发病率和死亡率。

为了减少本病的传播，可对收集的种蛋在入库、孵化前进行消毒，入库前可用甲醛进行蒸气消毒，孵化前再使用 0.04%～0.1% 的泰乐菌素溶液进行浸泡消毒，浸泡时间为 10～15 分钟，浸泡后晾干孵化。因本病难以净化和根除，最根本的方法是建立无本病的鸡群，通过定期检疫，淘汰阳性鸡，建立本病阴性鸡群。目前尚无理想的疫苗可用于预防本病。

治疗本病可采用泰乐菌素、红霉素、恩诺沙星等药物，都可起到良好的效果。泰乐菌素按照 0.1% 的浓度拌料，连用 5～7 天。红霉素：按每千克饮水中加入 100 毫克药物，连续饮用 5～7 天。恩诺沙星：按照 0.01％的浓度进行拌料，连用 5～7 天或按照每千克饮水中加入 75 毫克，连用 3～5 天。中草药可用鱼腥草 100 克，紫菀 80 克，紫苏叶 60 克，石决明、草决明、苍术、桔梗各 50 克，黄药子、白药子各 45 克，大黄、黄芩、陈皮、苦参、甘草各 40 克，栀子、郁金各 35 克，六曲、龙胆各 30 克，混合粉碎，过筛后按每羽 2.5～3.5 克拌料，连用 3 天。

第五节 乌骨鸡常见病毒性疾病

一、乌骨鸡禽流感

乌骨鸡禽流感是由 A 型流感病毒感染所引起的一种急性、烈性传染病，俗称为鸡瘟。本病的发病率高，传染性也非常强，发病后死亡率也非常高。

1. 病原及流行病学

本病的病原是流感病毒，流感病毒三种类型分别是 A 型流感病毒、B 型流感病毒和 C 型流感病毒。引起本病的病原主要是 A 型流感病毒，B 型、C 型流感病毒一般只感染人。A 型流感病毒属于正黏病毒科的单链 RNA 病毒。A 型流感病毒血清型众多，而且容易变异，给乌骨鸡流感的防治带来了很大的困难。不过该病毒对热敏感，60℃处理 10～20 分钟即可使病毒失活，常规脂溶性消毒剂也可将其杀灭，但流感病毒耐低温，低温时可存活较长时间。

本病全年都可发生，所有日龄的鸡都可感染发病，病鸡和带毒鸡分泌物中含有病毒，主要通过呼吸道和消化道水平传播，被病毒污染的器具、车辆、昆虫等也可机械性传播本病。本病的传染性极强，一旦有鸡只感染可迅速波及全群。依据其致病性的强弱，可以分为高致病性、低致病性和无致病性几种，高致病性禽流感的发病率、死亡率都很高，对乌骨鸡养殖业的危害最大，低致病性禽流感感染鸡群仅有很轻微的呼吸道症状，鸡群产蛋下降，死亡较少。

2. 临床症状

本病的潜伏期长短不一，短则几小时，长则数天。高致病性禽流感，最急性病鸡往往没有明显的症状，短时间内大批死亡，死亡率在90%以上。急性病鸡体温升高，精神萎靡，不食，鸡冠、肉髯、眼睑肿胀、咳嗽，张口呼吸，脚鳞出血。拉稀，粪便为绿色，母鸡产蛋下降甚至停止产蛋。病鸡在3～5天内死亡，病程稍长的病鸡有时会有神经症状，表现为头颈歪斜、不能站立。低致病性禽流感主要表现为轻微的呼吸道症状，少数病鸡流泪、头部肿大，产蛋鸡产蛋下降，由于抵抗力降低非常容易继发感染其他疾病。

3. 病理变化

高致病性禽流感最急性病鸡的主要病变是全身性出血，一般无其他病变。急性病鸡的特征性病变也是全身多处组织器官出血，主要表现为口腔、喉头、气管黏膜水肿、充血、出血，腺胃乳头出血，肠道黏膜充血、出血，心脏脂肪、腹脂出血，肝脏肿大出血，脾脏肿大出血，肝、脾、肺、肾、胰腺有灰白色坏死点，母鸡卵巢充血、出血、卵泡变形，胸肌、腿肌出血。

4. 防治措施

禽流感是一种烈性传染病，发病率高、死亡率高，且目前还没有比较好的治疗药物，因此平时要做好预防工作，避免本病的发生。搞好鸡场卫生，减少人员和车辆流动，杜绝外来人员随意来访，进出鸡场要进行严格消毒，并做好防护，防止野鸟出入，定期灭虫、灭鼠。同时要做好免疫工作，不过疫苗接种虽然有一定的保护效果，但因本病血清型太多，即使进行了免疫也不能保证本病一定不发生，所以平时的预防措施还是非常重要的。

一旦发现本病，要早诊断，如果是强毒感染，应立即上报当地兽医主管部门，经确诊后，应立即封锁鸡场，扑杀病鸡，并进行无害化处理，防治疫情扩散，降低损失。对于弱毒感染的低致病性禽流感可采取一些药物进行对症治疗以减少养殖户的经济损失。在饲料或饮水中添加复合多维，配合使用抗生素防止继发感染，还可使用一些具有清热解毒的中草药进行治疗。中草药防治可用柴胡、陈皮、金银花各10克，煎水服用，为5~8只鸡1次的用量。

二、乌骨鸡新城疫

乌骨鸡新城疫是由新城疫病毒引起的一种急性传染病，主要特征是呼吸困难，拉稀、多处消化道出血。本病也叫亚洲鸡瘟，其发病率和死亡率都很高，对乌骨鸡养殖业危害较大。

1. 病原及流行病学

乌骨鸡新城疫病原是新城疫病毒，属于副黏病毒，是一种单链RNA病毒，对外界环境因素如光、热的抵抗力较强，60℃要处理半小时才会失活，15℃可以保存半年以上，但病毒对酸碱和有机溶剂敏感，常用消毒液如烧碱、福尔马林、漂白粉可将其杀灭。

各种年龄的乌骨鸡都可发生，但是以雏鸡和中鸡发病率和死亡率较高，本病主要通过消化道和呼吸道进行传播，病鸡也可通过分泌物和排泄物向外界环境排毒，污染饲料、饮水和垫料。虽然本病全年都可发生，但是以春秋季发病较多，如果鸡群生活的环境卫生差，鸡场空气污浊或者受到应激容易诱发本病。有许多免疫过的鸡群可能会出现非典型新城疫。

2. 临床症状

本病的潜伏期一般为3~5天，病毒毒力弱的话潜伏期还可延长。根据本病的病程长短，典型的新城疫一般可分为最急性型、急性型、亚急性型和慢性型3种类型。最急性型病鸡一般不出现明显症状，即倒地死亡，一般以雏鸡多见。

急性型病鸡体温升高，精神不振，羽毛杂乱，食欲减退，嗉囊内有大量黏性液体，倒提病鸡，口中有黏液流出，酸臭味。病鸡呼吸困难，张口呼吸，拉稀，粪便黄绿色或黄白色。母鸡产蛋减少，畸形蛋、劣质蛋明显增加。有的病鸡出现双脚麻痹、头颈后仰、原地转圈等神经症状。

亚急性或慢性型病鸡的症状比较轻微，与急性病例相似，精神沉郁、食欲降低，偶有咳嗽或拉稀。不过随着病程的发展这些症状慢慢减轻，出现头颈歪斜、站立不稳等神经症状，受到外界惊扰时原地转圈，最终瘫痪。

非典型新城疫：非典型新城疫通常发生在已经进行了新城疫免疫的鸡群，主要表现为呼吸道症状和神经症状，雏鸡口有黏液，头颈歪斜，张口呼吸，翅膀下垂。成年鸡出现拉稀，母鸡产蛋下降，畸形蛋增多，非典型新城疫一般发病率和死亡率都不是很高。

3. 病理变化

典型新城疫的主要病理变化为病鸡多处黏膜出血。病鸡喉头、气管黏膜充血、出血，嗉囊内有大量酸臭食液体，腺胃与食管和肌胃的交界处黏膜出血，腺胃乳头、肌胃角质下层出血。心脏脂肪有针尖大的出血点，多处肠道黏膜充血、出血，产蛋鸡卵泡、输卵管充血。

非典型新城疫一般不出现典型症状，主要表现为气管内有黏液，气囊浑浊以及多处消化道炎症，腺胃肿大，盲肠扁桃体出血，心脏脂肪出血。

4. 防治措施

目前对于本病尚无治疗方法，一旦发病一般应对病鸡进行扑杀，避免疫病的进一步发展与传染。尚未发病时可采取综合性防治措施，减少本病的发生。

首先是要加强养殖场的饲养管理，定期对鸡舍、饲养用具及周围环境进行消毒，人员、车辆进出时也要消毒，减少病原入侵，不从新城疫疫区引进种蛋和种鸡。引进的种蛋入孵前要消毒，种禽要隔离饲养，观察确认无病后再合群。给鸡只提供充足的营养，提高鸡群的抵抗力，平时减少应激，避免本病的发生。

其次是要定期进行免疫接种，现常用新城疫疫苗主要分为两类，一类是由活病毒制成的活疫苗，另一类是通过对病毒进行灭活并与佐剂进行混合后制成的疫苗。活疫苗中的Ⅰ系苗为强毒苗，免疫4～5天后就可产生免疫力，不过因其毒力较强，一般不作为基础免疫使用，而是作为加强免疫使用，雏鸡不宜使用，一般为2月龄以上的鸡可用。活疫苗中的弱毒苗有Ⅱ系、Ⅲ系和Ⅳ系苗，适合雏乌骨鸡使用。灭活苗以油佐剂灭活苗使用较多，可以保持较长时间的免疫力，而且抗体水平也比较高，不过油佐剂灭活苗产生抗体速度慢，成本也比较高，一般常与活疫苗联合使用。

三、乌骨鸡传染性法氏囊病

传染性法氏囊病是由传染性法氏囊病毒所引起的一种免疫抑制性传染性病。本病传染性强，发病后死亡率高，并且可引起乌骨鸡机体的免疫抑制导致疫苗免疫失败或对其他病原易感。

1. 病原及流行病学

本病的病原是传染性法氏囊病毒，属于双链 RNA 病毒，病毒对法氏囊、脾脏、盲肠、扁桃体等器官有亲嗜性，能破坏淋巴细胞，特别是 B 淋巴细胞。病毒对外界理化因素有较强的抵抗力，在60℃下可存活 1.5 小时，在强碱下可存活 1 小时以上，并且对乙醚、氯仿等有机溶剂有较强的抵抗力。

3～15 周龄乌骨鸡易感，超过 4 月龄乌骨鸡一般很少发病，多呈隐性感染。病鸡和带毒鸡是本病的传染源，可通过呼吸道和消化道传播，也可通过直接接触和种蛋垂直传播。发病没有明显的季节性，一年四季都能发病。3～6 周龄鸡是高度易感鸡，发病率和死亡率都很高，即使病鸡不死，本病也会造成其免疫抑制，使之对疾病的抵抗力降低，容易被其他病原微生物感染，对乌骨鸡养殖业危害较大。

2. 临床症状

本病潜伏期短，有的突然发病，有的 2～3 天后发病，病鸡自啄肛周羽毛，羽毛蓬松，昏昏欲睡，无精打采，翅膀下垂，拉稀，粪便白色。站立不稳，挤堆，食欲不振。最后严重拉稀导致机体脱水，衰竭死亡。病程为一周左右，一般在发病第 3 天开始出现死亡，在发病 5～7 天出现死亡高峰，之后病鸡死亡开始减少，一般呈典型的尖峰式死亡曲线。

3. 病理变化

典型的病理变化为病鸡因剧烈腹泻出现脱水，胸肌、腿肌有小面积的出血带或出血斑，肾苍白、肿大，有白色尿酸盐沉积，肝脏肿大呈土黄色，法氏囊发病初期肿大，有胶冻样渗出物，严重者出血，如果病程较长，后期法氏囊将萎缩。

4. 防治措施

目前还没有特效药物可以治疗本病，主要以平时的预防为主。首先要对鸡舍及其周围的环境定期消毒，对饮水器具、料槽也要常清洗和打扫，并注意鸡舍的通风换气。平时也要采用疫苗进行预防，能够有效地减少本病的发生。一般在 8～10 日龄用传染性法氏囊弱毒苗进行初免，28 日龄进行二免，开产前用传染性法氏囊灭活苗进行三免。

一旦发生本病，应对病鸡进行隔离，加强饲养管理，提供充足的饮水，并适当添加葡萄糖和维生素，对假定健康的鸡群进行紧急免疫接种，有条件的鸡场也可给病鸡注射高免血清或卵黄抗体，减少损失。中草药可用金银花 100 克、连翘、茵陈、党参各 50 克，地丁、黄柏、黄芩、甘草各 30 克，艾叶 40 克，雄黄、黄连、黄药子、白药子、茯苓各 20 克，粉碎后按照 6%～8% 拌料喂服，连用 3 天。

四、乌骨鸡马立克病

乌骨鸡马立克病是由马立克病病毒引起的一种传染病。主要表现为病鸡全身多处出现肿瘤，一旦发生本病死亡率很高。

1. 病原及流行病学

马立克病毒属于 α 疱疹病毒科的马立克病病毒属，是一种双链DNA病毒。该病毒对环境理化因素比较敏感，常规的消毒剂、热、酸等都可以杀死该病毒。病原在感染的早期主要侵袭乌骨鸡的淋巴器官，感染 3～4 周后主要侵害神经组织和与毛囊上皮，随着发病时间的推移最终会在鸡体内形成肿瘤。

各种月龄乌骨鸡都可感染本病，一般 3～4 周龄乌骨鸡即可感染发病，发病高峰期在 4～7 月龄。感染月龄越小，病鸡死亡率越高，月龄越大，死亡率降低，但可持续向外界环境排毒。本病的病鸡和带毒鸡是主要的传染源，可通过其羽毛、皮屑排毒，通过直接接触或消化道传播，

2. 临床症状

本病潜伏期长短不一，短则几周，长则数月，根据发病的症状可将马立克病分为神经型、皮肤型、内脏型和眼型。神经型的主要症状是病鸡慢慢消瘦，双腿麻痹，站立不稳，出现一只脚朝前，一只脚朝后的劈叉姿势，有的病鸡最终瘫痪，有的病鸡头颈歪斜，翅膀下垂。内脏型病鸡的主要症状是病鸡消瘦，一般没有其他症状，最后死亡，本型马立克病以幼龄乌骨鸡发病较多。皮肤型病鸡的主要症状是病鸡皮肤上有大小不一、形状各样的肿瘤结节。眼型病鸡的主要症状是病鸡一边或者两边的虹膜褪色，视力减退甚至失明。病程长的病鸡常因食欲差、营养不良、消瘦，最终死亡。

3. 病理变化

神经型的主要病变是病鸡的单侧坐骨神经肿大、变粗，而对侧坐骨神经正常。内脏型的主要病变是病鸡的多个内脏上有大小不一

的白色肿瘤结节，以卵巢肿瘤最常见，其他器官如心、肝、脾、肺、肾、肠也可见肿瘤。皮肤型病鸡在其颈部、翼下、背部等多处皮肤上有灰白色的肿瘤结节。

4. 防治措施

马立克病是一种可传染的肿瘤性疾病，目前还没有药物可用于防治本病，对乌骨鸡养殖业危害巨大。对本病主要以预防为主，在引进种鸡的时候要加强检疫，不要引进病鸡或带毒鸡，同时接种疫苗进行免疫，可以有效地减少本病的发生。通常在乌骨鸡刚出壳 1日龄时皮下或肌内注射疫苗，一般免疫一周后可产生抵抗力，鸡只感染本病后没有治疗意义。

五、乌骨鸡传染性支气管炎

本病是由传染性支气管炎病毒引起的一种高度接触性呼吸道传染病。以病鸡咳嗽、流涕、打喷嚏，产蛋下降为主要特征。本病传播速度快，一旦发病可迅速传播至全群。

1. 病原及流行病学

本病的病原是传染性支气管炎病毒，是一种属于冠状病毒科的RNA病毒，对外界环境抵抗力不强，不耐热，常规的消毒剂就可以使病毒失活，不过病毒耐受低温。

本病各种年龄的乌骨鸡都可感染发病，特别是 1 月龄以下雏乌骨鸡发病率和死亡率都很高。本病的发生也没有明显的季节性，四季都可发病，一般是寒冷、潮湿的冬春季节发病较多。养殖场阴暗潮湿、鸡群拥挤或者鸡只营养不良、气雾免疫等都容易诱发本病。本病的传染源主要是病鸡和带毒鸡，有的病鸡康复后还可长时间带毒，其呼吸道分泌物可通过污染饲料和饮水或者通过飞沫，经消化道或呼吸道传播。

2. 临床症状

本病的潜伏期为 1～2 天，根据症状主要可以分为呼吸型传染性支气管炎和肾型传染性支气管炎两种类型，近年来随着养鸡业的发展，也有其他类型的传染性支气管炎，如变异株引起的变异型，以腺胃出现病变为主的腺胃型以及生殖型传支，不过目前比较常见的还是呼吸型和肾型性传支。呼吸型主要表现为呼吸道症状，雏鸡张口呼吸、咳嗽、流眼泪、鼻涕，摇头甩颈，有时有呼吸道啰音，羽毛松乱，挤堆昏睡，有的病鸡拉稀。成年鸡一般症状比较轻，死亡率较低，产蛋乌骨鸡蛋品质变差，蛋黄颜色变浅，蛋壳粗糙或者畸形，产蛋下降。

肾型传染性支气管炎以 1～2 月龄乌骨鸡多发，病鸡的呼吸道症状比较轻，挤堆、昏睡、食欲下降，拉白色水样稀粪，污染肛门周围羽毛，长时间拉稀导致病鸡脱水，日渐消瘦，最后可能死亡，产蛋鸡产蛋下降。

3. 病理变化

呼吸型传染性支气管炎的主要病变为病鸡的呼吸道内如鼻、气管等充满黏液性渗出物，病程较长的转变为干酪样渗出物，气囊增厚，有干酪样渗出物，产蛋鸡卵泡充血、变形，有的卵泡破裂形成卵黄性腹膜炎。肾型传染性支气管炎病鸡的主要病变在肾脏，肾脏苍白、肿大，肾小管扩张，有白色尿酸盐沉积。从外观上看肾脏呈红白相间的花斑状，比较严重的病鸡在其他内脏器官表面也可看到白色尿酸盐沉积。

4. 防治措施

对于本病的预防，可以从平时的饲养管理以及疫苗的接种等方面入手。平时饲养要注意密度适当，避免拥挤，注意通风，防止温度过高或者过低，提供营养充足的饲料，增加鸡只抵抗力。疫苗接种可选用传染性支气管炎弱毒苗和灭活苗进行免疫，常用弱毒疫苗有 H120、H52 和 Ma5。传染性支气管炎 H120 弱毒苗毒力较弱，使用安全，一般用于雏鸡初免，H52 毒力较强，一般用于月龄较大的乌骨鸡的初免或者作为加强免疫使用。Ma5 毒力与 H120 相当，所有月龄乌骨鸡都可使用，不过 Ma5 主要用于预防肾型传染性支气管炎。免疫程序可在 7～10 日龄用 H120 进行一免，30～35 日龄用 H52 进行二免，产蛋乌骨鸡可在开产前再用油佐灭活苗加强免疫一次，商品乌骨鸡只需进行前两次免疫即可。

对于本病的治疗，暂时没有特效的药物，一般发现病鸡要及时隔离，使用抗病毒药物利巴韦林和干扰素有一定的效果，使用抗生素可防止继发感染，同时可补充葡萄糖溶液、多种维生素和电解质。中草药可用穿心莲 20 克、桔梗 10 克、制半夏 3 克、川贝母 10 克、杏仁 10 克、金银花 10 克、甘草 6 克制成粉末装入空心胶囊中喂服，雏鸡每次 1～2 颗，大鸡每次 3～4 颗。

六、乌骨鸡鸡痘

鸡痘是由痘病毒引起的一种接触性传染病。主要出现皮肤和黏膜病变，鸡只体表无毛或者羽毛较少的皮肤上或者喉、气管黏膜出现痘疹。如无其他疾病继发感染死亡率一般在 10%～20%。

1. 病原及流行病学

本病的病原是鸡痘病毒，属于痘病毒科禽痘病毒属，是一种双链 DNA 病毒。对外界环境有一定的抵抗力，耐受干燥以及低温，带有病毒的痂皮在外界环境中几个月都有感染性。常规消毒剂对痘病毒有效。

本病一年四季都可发病，不过以夏季和秋季最易感，各种年龄乌骨鸡都可感染，不过育成鸡多发。病鸡是主要的传染源，带有病毒的痂皮或碎屑通过接触带有伤口的皮肤感染，也可通过蚊虫叮咬进行感染，所以常在夏秋季流行。此外乌骨鸡啄斗，容易形成外伤导致本病的发生。

2. 临床症状

本病的主要症状有两种类型，一种是皮肤型鸡痘，在病鸡的鸡冠、眼睑、脚趾等无毛处出现小丘疹，随着时间的延长，丘疹转变为丘斑，最后形成痂皮，痂皮可自行脱落，产蛋乌骨鸡产蛋量下降，此型鸡痘一般以成年乌骨鸡易发，并且常发生在夏秋季节，死亡率较低。黏膜型鸡痘多发于冬季，病鸡死亡率较高，在病鸡的喉头、气管黏膜上覆盖有大量黄白色的小结节，结节增多后可融合成一片形成假膜，阻塞口腔，病鸡吞咽和呼吸困难。有时也可见黏膜型和皮肤型鸡痘混合出现。

3. 病理变化

本病的主要病变在病鸡的皮肤和黏膜，病变与其症状相似。

4. 防治措施

预防：平时保持鸡场卫生，按时清理水槽水沟，减少蚊虫滋生，在夏秋季节做好灭蚊工作。平时注意保持合理的饲养密度，避免鸡只啄斗，引起外伤，减少鸡痘的发生。在常发地区也可使用疫苗进行免疫接种，常用的疫苗为鸡痘鹌鹑化弱毒苗，可用消毒过的接种针在鸡翅内侧"三角区"皮肤刺种，一般在接种后一周即可产生免疫反应，表明接种成功。免疫程序可在 20～30 日龄进行首免，100 日龄进行二免。

治疗：隔离病鸡，对未发病鸡只进行紧急免疫刺种，皮肤型鸡痘可仔细清洗痂皮涂上碘酊，并适当使用抗生素，防止继发细菌感染。黏膜型鸡痘病鸡可用 0.1％的结晶紫进行饮水治疗。中草药可用青黛、冰片、硼砂各等份研成细末，每次取 0.1～0.5 克小心吹入病鸡咽喉处或用大黄、黄柏、姜黄、白芷各 50 克，生南星、陈皮、厚朴、甘草各 20 克，天花粉 100 克研末后取水和酒（1：1）调成糊状，涂于鸡痘痂皮剥离的创面，每天 2 次，连用 3 天。同时用蒲公英 30 克、金银花 20 克、连翘 15 克、薄荷 5 克煎汁 400 毫升，每次口服 20 毫升，每天 2 次。

第六节　常见真菌性疾病

一、乌骨鸡曲霉菌病

曲霉菌病主要是由烟曲霉和黄曲霉引起的多种家禽都可感染的真菌性疾病，以损害乌骨鸡呼吸器官，病鸡出现肺炎和气囊炎为主要特征。1月龄以下的幼龄乌骨鸡多发，死亡率较高，危害较大。

1. 病原及流行病学

本病的病原主要是曲霉真菌中的烟曲霉菌和黄曲霉菌，在自然界中广泛存在，曲霉真菌感染乌骨鸡除了可引起其呼吸系统病变外还可产生毒素，引起乌骨鸡中毒。曲霉菌常形成孢子，可污染垫料或饲料，孢子对外界环境因素有很强的抵抗力，对高温有较强的耐受力，而且常规消毒剂对曲霉真菌的消毒效果也不是很理想，一般只能使其毒力减弱，而不能将其彻底杀死。常规抗生素曲霉真菌的作用效果也较差。

本病常年均可发病，在湿润、多雨的季节，霉菌大量增长，容易暴发本病。除乌骨鸡鸡外，多种家禽都可感染，没有年龄限制，但雏鸡发病率和死亡率都比较高，特别是1月龄以下的乌骨鸡。本病原感染成年乌骨鸡一般只是零星散发，很少死亡，不过常常成为带菌鸡。本病可经呼吸道、消化道感染传播，鸡舍拥挤潮湿、不通风，垫料和饲料霉变都易诱发本病。曲霉菌污染种蛋还可导致胚胎死亡。

2. 临床症状

雏鸡一般发病比较急，主要表现为呼吸加快或气喘，没有呼吸道啰音，有时有鼻液流出，没有食欲，喜饮水。慢性病鸡羽毛蓬松，呆立嗜睡，不食，有的病鸡拉稀，随着时间延长日渐消瘦，最终虚弱死亡。如果病原侵害眼睛则会出现眼炎症状，眼内有炎性分泌物，眼球浑浊。如果病原侵害到脑，则会出现神经症状，表现出头颈歪斜、走路艰难。雏乌骨鸡发病率高，如果处理不当，可引起鸡只大批死亡，成年鸡一般为慢性经过，产蛋鸡产蛋下降，一般较少死亡。

3. 病理变化

本病的主要病变为病鸡气囊浑浊变厚，上有许多灰白色的霉菌结节，肺部有许多黄白色或灰白色的结节，一般为绿豆大小，严重病例在病鸡的气管、支气管、胸壁、肠系膜、肝脏或其他器官表面也可见霉菌结节。

4. 防治措施

对于本病平时要注意预防，首先是要注意在做好育雏室保温工作的同时也要做好通风工作，保持室内干燥，搞好鸡舍环境卫生，如有垫料要勤换，以免垫料发霉；注意保持饲料仓库清洁卫生、干燥、通风，防止饲料霉变。在多雨季节要注意饲料的保存，投喂饲料应少量多次，防止饲料没吃完发霉，霉变的饲料不能喂鸡。种蛋及孵化器在入孵前后要消毒，以免污染曲霉菌导致胚胎死亡。

一旦发病，应将鸡只移出，全面清理、打扫鸡舍，垫料应全部移除，彻底清洗鸡舍地面、墙壁、料槽、饮水用具等，并用0.05%的硫酸铜溶液喷洒消毒；待鸡舍干燥后再重新铺垫干净的垫料，病鸡可用0.05%的硫酸铜溶液进行饮水，同时使用制霉菌素，每只雏鸡饲喂0.5万～1万单位，或按每千克饲料150万国际单位进行拌料，每天2次，连喂4～5天。或者用克霉唑，按每只鸡5～10毫克拌料一次性喂服，连用3～5天。同时给病鸡提供充足的饮水和优质的饲料，添加适量的葡萄糖和维生素C，可增强鸡只肝脏的解毒功能，也可适当使用常规抗生素防止致病细菌的继发感染。使用中草药进行治疗，可用蒲公英180克、鱼腥草360克、黄芩、桔梗、葶苈子、苦参各90克，粉碎，按每只鸡0.5～1克进行拌料喂服，每天3次，连用5天，或用蒲公英、鱼腥草、紫苏叶各500

克，桔梗250克煎汁拌料喂服，此为1000只鸡一次用量，每天2次，连用7天。

二、乌骨鸡念珠菌病

乌骨鸡念珠菌病又叫霉菌性口炎或"鹅口疮"，是一种真菌性传染病，由白色念珠菌感染所致。以病鸡消化道炎症和溃疡，并出现假膜为主要特征，主要侵害幼龄乌骨鸡，发病率较高。

1. 病原及流行病学

本病的病原为白色念珠菌，是一种属于念珠菌属的真菌，广泛分布于外界环境中，通常在健康的鸡只口腔、上呼吸道等处都有分布，当鸡只受到不良应激因素的影响或者抵抗力下降时容易诱发本病。白色念珠菌对外界理化因素抵抗力不强，常规消毒剂可以杀灭本菌。

本病在闷热的夏秋季节多发，病鸡是主要的传染源，主要通过霉变饲料和饮水经消化道感染传播，不同年龄乌骨鸡都可感染，但是雏乌骨鸡更易感，发病率较高，死亡率也很高。

2. 临床症状

本病的主要症状为病鸡精神差，食欲下降，羽毛松乱，病鸡消瘦。嗉囊肿胀，松软，按压有酸臭液体流出。病鸡口腔黏膜上出现乳白色丘疹，随着时间延长丘疹融合成一片，形成白色的假膜。有的病鸡出现拉稀，最后脱水死亡。

3. 病理变化

本病的主要病变在病鸡的口腔，其黏膜上有突出的丘疹斑块，有的灰白色丘疹融合成片后形成一层白色假膜，假膜剥落后有红色的溃疡。病鸡嗉囊增厚，嗉囊黏膜上覆盖有灰白色的假膜样坏死性渗出物。部分病鸡的食管、肌胃角质层下出现溃疡，肾肿大。

4. 防治措施

预防：平时加强鸡场的饲养管理，注意保持鸡舍干燥，搞好养殖场环境卫生，用具及时清洗，注意饲料保存，不要饲喂霉变的饲料。给鸡只提高营养均衡的日粮，提高鸡群抵抗力，可以减少本病的发生。

治疗：一旦发现本病应及时隔离病鸡，对鸡舍和用具进行彻底清洗和消毒，消毒剂可选择0.1%的硫酸铜溶液。对于病鸡，可用镊子清除口中假膜，在创面涂抹碘甘油，同时用0.5%的硫酸铜饮水，或者用制霉素按每千克饲料添加50～100毫克药物进行拌料，连用3～5天，多数病鸡可以治愈，如果在饲料或饮水中补充多种维生素，效果会更好。

第七节　常见寄生虫性疾病

一、蛔虫病

蛔虫病是由寄生于小肠的蛔虫所引起的一种疾病。感染蛔虫的乌骨鸡生长迟缓、发育不良、生产性能下降，严重感染还可引起死亡。

1. 病原及流行病学

本病的病原是蛔虫，是一种大型的黄白色线虫，蛔虫虫卵随着粪便排出后，在外界适宜的环境中可发育成感染性虫卵，被乌骨鸡吞食后，在腺胃和肌胃中幼虫从虫卵破壳而出，进入十二指肠发育。蛔虫有很强的繁殖力，一天可产卵数万个，并且蛔虫虫卵对外界环境因素和消毒剂有较强的抵抗力，在潮湿的环境中可以长时间存活，不过不耐干燥和高温。病鸡和带虫鸡是主要的传染源，通过粪便排出虫卵，污染饲料、饮水和用具，被健康鸡只食用后可引起发病。雏鸡最易感，病情较重，12月龄以上乌骨鸡症状较轻，通常成为带虫者。

2. 临床症状

本病对幼龄乌骨鸡的危害较大，病鸡呆立不动，羽毛松乱，翅膀下垂，食欲不振，病鸡消瘦，生长迟缓，发育不良，时而便秘时而拉稀，最后虚弱死亡。成虫数量较多时可阻塞肠道，重则导致肠道破裂。育成乌骨鸡通常无明显症状，病情严重时可能出现拉稀、消瘦、产蛋下降，一般很少死亡。

3. 病理变化

病鸡血液稀薄，小肠黏膜充血、出血，小肠内有大小不同的蛔虫虫体，豆芽状，黄白色，数量不一。

4. 防治措施

预防：平时加强饲养管理，雏鸡和成鸡分开饲养，饲喂优质饲料，及时清扫鸡粪，并对粪便、垫料进行集中堆肥发酵，以便杀死粪便中的寄生虫卵。在本病流行的地区每年可用左旋咪唑对鸡群驱虫2～3次，雏鸡可在2月龄左右驱虫一次，同年冬季再驱虫一次，成年鸡一般在冬季驱虫一次，次年春季开产前再驱虫一次。

治疗：可用驱虫净（噻咪唑）按每千克体重40～60毫克拌料喂服或丙硫咪唑每千克体重10～20毫克喂服，也可用丙苯硫咪唑按每千克体重10～15毫克喂服，或盐酸左旋咪唑按每千克体重20～40毫克喂服，连用3～5天均有良好的效果。中草药治疗可用去除表面黑皮的川楝皮1份与使君子2份混合粉碎，加入适量的面粉，用水调成黄豆大小的药丸，每只鸡每天1粒，连喂3天。

二、球虫病

球虫病是由孢子虫纲艾美耳属的多种球虫所引起的一种肠道寄生虫病。主要侵害幼龄乌骨鸡的小肠或盲肠，引起肠道损伤和出血，有较高的发病率和死亡率，常常给养殖户造成巨大的经济损失。

1. 病原及流行病学

本病的病原是鸡球虫，属于孢子虫纲艾美耳科艾美耳属，引起本病的球虫主要有 7 种，分别为柔嫩艾美耳球虫、毒害艾美耳球虫、堆形艾美耳球虫、巨型艾美耳球虫、布氏艾美耳球虫、早熟艾美耳球虫以及和缓艾美耳球虫。不过前两种球虫的致病力最强，对乌骨鸡危害最大。柔嫩艾美耳球虫主要寄生在盲肠，致病力最强，也叫盲肠球虫。毒害艾美耳球虫主要寄生在小肠中段，也称为小肠型球虫。通常乌骨鸡感染球虫一般不是单一球虫的感染，往往是多种球虫的混合感染。

球虫卵囊从粪便中排出后，在外界环境适合的温湿条件下，1~2 天可发育成感染性的卵囊，被健康鸡只摄入后，孢子在鸡只胃肠道被释放出来后钻入肠上皮细胞，并不断地进行有性和无性生殖，严重损伤肠道上皮细胞，导致发病。球虫卵囊对外界理化因素有很强的抵抗力，在土壤中可以存活半年以上，在阴凉潮湿处，可存活一年以上。不过球虫卵囊不耐高温和干燥。

本病以半月龄到 2 月龄雏乌骨鸡易发，发病率高，如不采取有效治疗措施死亡率也很高，半月龄内的雏鸡由于有母源抗体保护一般很少发病。成年乌骨鸡感染后一般无明显症状，成为带虫者，并不断向周围环境排毒。病鸡和带虫鸡是主要的传染源，排出的带有球虫卵囊的粪便污染饲料、饮水，饲养用具或工作人员，都可导致本病的感染和传播。本病在温暖潮湿多雨的季节多发，通常在每年的 4~9 月发病，有的集约化养殖场全年都可发生本病。特别是在饲养密度大，鸡场过于拥挤、环境潮湿、卫生条件差、鸡只营养不良抵抗力下降时容易诱发本病。

2. 临床症状

急性病鸡精神不振，食欲废绝，羽毛蓬松，挤堆，病鸡严重拉稀，粪便中出现红色或暗红色血液，肛周围羽毛被粪便污染，有时带血，病情严重的病鸡皮肤、黏膜苍白，严重贫血，如果治疗不及时，最终将死亡，耐过病鸡生长迟缓。慢性病常见于2月龄以上雏鸡或成年乌骨鸡，一般症状比较轻，偶有间歇性拉稀，消瘦，产蛋下降，病程较长，一般很少死亡。

3.病理变化

本病的主要病变部位在肠道，因球虫感染的肠道部位不同，发生病变的肠段也不一样。柔嫩艾美耳球虫感染病鸡的主要病变部位在盲肠。病鸡的盲肠肿胀为原来的3～5倍，肠道上皮变厚，糜烂，肠黏膜出血，肠内充满红色或暗红色血液。毒害艾美耳球虫感染病鸡的主要病变部位在小肠。病鸡的小肠肿胀，肠壁上皮增厚，黏膜出血，肠内有淡红色黏稠内容物，有时伴有血块。严重感染病鸡肠道黏膜大量出血，肠内血凝块和脱落的肠道黏膜以及肠道内容物慢慢变硬，形成红白相间的栓子，堵塞肠道。

4.防治措施

预防：平时加强鸡场饲养管理，搞好鸡舍卫生，保持干燥，采取网上平养或笼养可以有效地减少本病的发生，而对于以往有过发病史的养殖场很难根除本病，因此要重视球虫病的预防工作。

治疗：对于本病要做到早发现早治疗，在球虫感染早期使用药物可起到较好的治疗效果，一旦病情发展到有组织损伤，再用药物治疗效果不是很好。氨丙啉，按每千克饲料125～250毫克拌料喂服，连续用药一周。百球清，常用其2.5%的溶液，用水稀释1000倍，饮水服用，连用3天。常山酮，按每千克饲料3毫克拌料，供鸡只自由采食。中草药可用广地龙100克，黄连、使君子各30克，大黄20克，水煎两次至药汁为800毫升左右，加水10倍稀释，为100只雏鸡一次量服用，每天2次，连用3～5天。用药的同时饲料中添加适量的维生素A和维生素K，能提高治愈率。

三、住白细胞虫病

住白细胞虫病为为肌肉、内脏的急性寄生虫病。该病可导致病鸡严重贫血、全身性出血，生长受阻甚至是死亡。

1. 病原及流行病学

本病的病原为住白细胞虫，是一种疟原虫科住白细胞虫属的原虫寄生虫，感染乌骨鸡的主要是卡氏住白细胞虫和沙氏住白细胞虫。卡氏住白细胞虫致病性强，对养鸡业危害较大。

住白细胞虫的生活史分为孢子生殖、裂殖生殖、配子生殖3个阶段。其发育需要昆虫为媒介，才能完成发育过程。住白细胞虫在昆虫体内完成孢子生殖，产生孢子，孢子从卵囊逸出后进入昆虫的唾液腺。裂殖生殖主要发生在鸡的肝、肾等器官。含有子孢子的昆虫通过吸血健康鸡只，子孢子侵入鸡体，首先是在鸡的血管内皮细胞进行繁殖，形成裂殖体，随后随血液循环输送至肝、肾等组织细胞，再继续发育，形成成熟的裂殖子。配子生殖在鸡的末梢血液或鸡体组织中完成，一部分成熟裂殖子再进入肝实质细胞中形成肝裂殖体，一部分成熟裂殖子再侵入其他组织器官，继续进行裂殖生殖，裂殖子侵入红细胞、淋巴细胞、白细胞，最后发育成大配子体和小配子体。当吸血昆虫吸食病鸡血液时，将含有大配子体和小配子体的血液吸入体内，待其成熟后，释放出大、小配子，虫体在昆虫体内再进行配子生殖和孢子生殖。

卡氏住白细胞虫以库蠓为媒介，沙氏住白细胞虫以蚋为媒介。本病的流行有明显的季节性，与库蠓的活动时间密切相关。在库蠓和蚋大量繁殖活动的季节，也是该病严重流行的季节。一般每年的4～10月多发此病，在南方地区多发沙氏住白细胞虫病，我国中部地区多发卡氏住白细胞虫病。各种月龄的乌骨鸡都可感染本病，一般以2～7月龄的乌骨鸡最易感，月龄越小，本病的危害越重，死亡率很高。8月龄以上的成年乌骨鸡即使感染发病率也不高，症状较轻，大多成为带虫者，病鸡和带虫鸡是主要的传染源。

2. 症状

本病的潜伏期通常为6～10天，病鸡精神萎靡，食欲减退，排绿色稀粪，病鸡呼吸困难，鸡冠苍白贫血，有的病鸡口流鲜血，最终死亡。成年乌骨鸡症状较轻，病鸡贫血，消瘦，偶有拉稀，粪便绿色，产蛋鸡产蛋量下降。

3. 病理变化

主要病变表现为病鸡消瘦，全身性皮下出血，肌肉、多处内脏出血，胸肌、心肌、腿肌、肾脏、肺脏有出血点，有时肌肉和脏器上有灰白色或者黄色的小结节病灶。

4. 防治

预防：对鸡舍定期除库蠓，在蠓繁殖、活动强的季节，每隔3～5天用0.1％的敌杀死或除虫菊酯喷雾灭蠓，或者在本病流行季节来临之前用磺胺二甲氧嘧啶按0.0025％或者痢特灵按0.01％混饲预防，可以有效地预防本病的发生。一旦发现本病，应立马治疗，在发病早期治疗可取得较好的效果。氨丙啉按0.012％饮水，连用3天。氯吡醇按照每千克饲料中添加0.25克拌料喂服，连续用药5～7天。

四、羽虱病

羽虱病是由体外寄生虫羽虱寄生在乌骨鸡体表的一种体外寄生虫病。本病主要引起鸡体皮肤瘙痒，羽毛脱落，生长迟缓，产蛋性能下降等，一般很少死亡。

1. 病原及流行病学

本病的病原为羽虱，寄生在乌骨鸡身体表面，属于昆虫纲的短角鸟虱科。使乌骨鸡发病的羽虱种类较多，主要有广幅长羽虱、鸡翅长羽虱、鸡圆羽虱、鸡角羽虱等。羽虱的体形很小，长度在0.5～1毫米，身体为灰黄色。羽虱的发育史包括四个阶段：卵、幼虫、若虫、成虫，全部在鸡只身上完成发育，整个周期在3周左右。

病鸡是主要的传染源，本病主要通过接触进行传播。羽虱寄生在乌骨鸡体表,以鸡只的羽毛、皮屑为食,一般很少吸血。在秋冬季鸡只体表羽毛较厚实、体表温度较高时,羽虱繁殖较快。羽虱在乌骨鸡体表一般可以存活数月,一旦离开宿主只能存活一周左右。

2. 临床症状及病理变化

本病的主要症状为患病乌骨鸡不安,身上奇痒,自啄羽毛、皮肉,羽毛不整齐,色泽差,掉毛,食欲下降,生长缓慢,慢慢消瘦,产蛋鸡产蛋下降,羽毛根部常有成块的羽虱卵。羽虱是乌骨鸡的一种体表寄生虫,主要病变在皮肤,常因自啄导致皮肤出血,其他内脏一般无明显病变。

3. 防治

预防:平时注意搞好鸡舍卫生,尽可能不留卫生死角,可减少本病发生。治疗可用0.5%～1%的敌百虫对鸡只体表或笼具、地面进行喷雾,隔天一次。也可用2.5%的溴氰菊酯乳油或20%的杀灭菊酯,按1:10000倍稀释后,喷洒鸡舍,均可有效地杀死病原。也可用百部100克加水600毫升,煮20分钟后去渣,或加500克白酒浸泡2天,等药汁变黄后对患病部位进行涂擦,每天1～2次。或百部30～60克研末后加入茶油调成稀糊状进行外涂,也有较好的效果。

第八节 其他疾病

一、啄癖

啄癖是由多种因素引起的一种乌骨鸡异常的癖好。比较常见的有啄羽癖、啄肛癖、啄趾癖、啄蛋癖等。啄羽癖一般在饲养密度高的鸡场,或者在鸡只幼龄阶段和产蛋阶段羽毛更换时比较常见。有的病鸡自啄,有的病鸡互啄,轻者皮肤出血,重则死亡。啄肛癖以雏鸡和产蛋鸡多发。育雏期室内温度过高或饲养密度过大时容易发生啄肛。母鸡产蛋期如有输卵管脱垂时，可诱发鸡只啄肛，严重时可将直肠啄出。啄趾癖在雏鸡长时间饥饿时可诱发，可造成脚趾出血或跛行。啄蛋癖一般在产蛋旺季，产蛋鸡啄食自己产的蛋或其他鸡只产的蛋，多因饲料蛋白质或者钙质缺乏引起。

1. 病因

(1) 营养方面：乌骨鸡日粮营养不均衡，某些营养物质的比例不协调，从日粮中摄入的矿物质或者维生素缺乏，或者鸡场饮水器、料槽太少，或长时间饥饿导致鸡群在饮水和采食过程中出现争抢，都可诱发啄癖，同时全价颗粒更易诱发啄癖。

(2) 饲养密度：如果养殖场饲养密度过高，鸡只数量过大，容易出现鸡只争斗现象，从而引发啄癖。

(3) 环境因素：如果鸡舍温度、湿度太高，空气不流通、通风差，容易导致二氧化碳、硫化氢和氨气等有害气体增多，容易诱发本病。因为温度升高，鸡体散热不畅，鸡只容易出现烦躁不安的现象，诱发啄癖。此外鸡舍光照过强，时间过长，使鸡长时间处于过度兴奋的状态，也容易诱发啄癖。

(4) 应激因素：在对鸡群进行转群和疫苗接种时，抓鸡容易导致鸡群受到应激，使鸡只出现争斗，诱发啄癖。

(5) 疾病因素：当乌骨鸡患有羽虱病等体外寄生虫病，由于皮肤瘙痒，引起自啄，皮肤出血后，还可引起其他乌骨鸡的啄食，被啄鸡只发育不良或者直接死亡。

(6) 生理性因素：乌骨鸡换羽时，皮肤发痒，可出现自啄的现象，从而诱发群体性啄羽。在乌骨鸡第二性征发育的旺盛阶段，有些雄鸡比较亢奋，也容易发生啄斗。

2. 防治措施

(1) 预防

对于啄癖主要靠预防，首先是要合理搭配日粮，饲喂营养全面丰富的饲料，以满足鸡只对蛋白质、矿物质和多种维生素的需求。

同时加强对日粮的储存管理，注意防潮、避光。日粮要按规定存放，并在保质期内用完，存放时间过久、霉变饲料不能饲喂鸡只。对于产蛋乌骨鸡，要保证日粮中蛋白质和钙质等矿物质的供应。日粮中要注意适量添加食盐，并补充微量元素。其次是加强鸡场的饲养管理，鸡只饲养密度要适当，可以根据鸡只的年龄进行调整，1月龄以下每平方米不超过50只；1～2月龄，每平方米不超过30只；2～5月龄，每平方米不超过15只。保持鸡舍通风，减少有害气体蓄积。定时喂料喂水，间隔时间不宜太长，光照强度要适宜，配备充足的产蛋箱，及时捡蛋。对于鸡只要适时断喙，断喙前后可适当添加抗生素，减少断喙时病菌感染。

（2）治疗

如果鸡群已经出现啄癖，应将被啄鸡只挑出单独饲养，在其伤口涂抹碘酊、机油等具有气味的药物，防止其再次被其他乌骨鸡啄食。患有寄生虫病时应同时对其进行驱虫。提供充足营养，在饲料中适当添加多种维生素和氨基酸、微量元素。

同时应寻找病因，对症治疗。如因微量元素缺乏引发啄癖，可在日粮中添加微量元素；如因维生素缺乏可补充维生素；如因蛋白质缺乏可在日粮中增加蛋白质饲料如鱼粉或玉米蛋白粉；如因日粮中食盐缺乏而发生啄癖，可在日粮中添加1.5%的食盐，连用2～3天，但不能长时间添加，避免食盐中毒；如因饲养密度过大，光照太强等引起的啄癖，要降低饲养密度，调整光照强度，避免发生啄癖。

二、钙磷缺乏症

乌骨鸡钙、磷的缺乏症，是一种慢性的营养代谢疾病，由于日粮中钙磷含量不够或者钙磷比例失调或维生素D缺乏引起，幼龄乌骨鸡可主要表现为佝偻病，产蛋乌骨鸡表现为产蛋下降，蛋壳变薄，软壳蛋增多，血液稀薄等。

1. 病因

主要是由于日粮中长期钙磷缺乏，或维生素 D_3 含量不足或饲料中钙磷比例失调引起的。日粮中钙磷比，雏鸡在（1～2）：1为宜，产蛋期乌骨鸡在（4～5）：1为宜，因此要根据不同月龄乌鸡配制不同的饲料。如果饲料中钙质含量太高，容易引起骨骼变形，如果磷含量过高，容易使骨组织营养不良。雏鸡钙、磷缺乏通常表现为佝偻病，产蛋鸡表现为软骨病。

2. 症状

6周龄以下的雏鸡一般表现为佝偻病，两脚变软，跛行，站立不稳，生长迟缓，发育不良，腿骨变软，容易骨折，关节肿大、胸骨畸形。病鸡站立时出现"八字脚""O形腿"的姿势，严重病例可出现瘫痪。成年乌骨鸡一般出现软骨症，表现为骨骼软化，骨质疏松，胸骨变形，肋骨增厚弯曲，爪、喙弯曲，脚软，无力行走。产蛋鸡产软壳蛋、薄壳蛋增多，产蛋下降。本病如能及时发现，并采取措施，能很快恢复正常，否则症状会逐渐严重，最后导致病鸡瘫痪，随着病程的延长，则病鸡因为不能正常采食和饮水最终虚弱消瘦死亡。

3. 防治措施

预防：使用营养全面的日粮，注意日粮中的钙、磷比例要适宜，补充足够的维生素 D_3。有条件的养殖场可对购进骨粉或日粮原料中钙、磷含量进行检测，及时掌握日粮中钙磷情况。平时要注意保证鸡群能够得到充足的日光照射，在日粮中添加鱼肝油或维生素 D_3。

治疗：一旦发现本病，要及时调整鸡只日粮钙、磷比例，可在幼年乌骨鸡日粮中添加骨粉，添加量比正常量增加0.5倍，连喂1～2周，待鸡群恢复后换回正常钙磷水平的饲料。

在产蛋鸡日粮中可添加石粉，并添加鱼肝油或维生素 D_3，待蛋品质和产蛋率恢复后，改喂正常钙磷水平的饲料。

第九节 乌骨鸡免疫注意事项及常用免疫程序

对鸡群进行免疫接种，可使得鸡群产生或获得对某种疾病的特异性抵抗力，有利于保护鸡群健康，减少疾病的发生，减少经济损失，促进乌骨鸡养殖业的发展。

一、常用的免疫方法

1. 滴鼻免疫法

滴鼻免疫法是疫苗通过鼻腔从呼吸道进入机体的一种免疫方法。具体方法是将鸡只固定，用滴管吸取稀释好的疫苗滴到每只待免疫乌骨鸡的鼻孔，待鸡只将疫苗吸入鼻腔后松开鸡只，其优点是能够保证免疫的鸡只都能够能得到疫苗，且剂量准确，通常一周左右就可以产生免疫力。缺点是操作繁琐。本法常用于乌骨鸡呼吸道疾病疫苗的免疫，如鸡新城疫弱毒苗、传染性支气管炎弱毒苗等的接种。

2. 刺种免疫法

刺种免疫法是将疫苗稀释后，用接种针或干净的钢笔尖蘸取疫苗，垂直刺入鸡翅膀下三角区无血管处，刺种时注意不要刺入肌肉或血管内，刺种针要垂直刺入，也要保证刺种时刺种针内蘸取了疫苗，防止疫苗渗漏，保证免疫剂量，刺种后一周左右要检查接种部位是否有结痂，看是否免疫成功。刺种法主要适用于鸡痘疫苗的免疫，此法的优点是免疫剂量准确，确保免疫效果，不过也有缺点，因需对鸡只挨个进行刺种，比较费时费力，并且只有少数疫苗可以使用刺种免疫，不经常使用此方法。

3. 注射免疫法

注射免疫法根据注射的部位不同可以分为皮下注射法和肌内注射法。肌内注射法抗体上升快，不过抗体维持的时间短，而且容易对鸡只造成较大的应激，一般在需要紧急免疫接种时使用。而通过皮下注射法产生的抗体维持时间较长，对鸡只的应激相对来说要小很多，在实际生产中常用此法。

皮下注射法是选择在颈部皮下或胸部浅层皮下注射，由于鸡只颈部皮下血管丰富，疫苗吸收迅速，免疫效果好，一般灭活苗都可选择颈部皮下注射进行免疫。操作时用拇指和食指将鸡只颈部或胸部皮肤捏起，待皮肤与肌肉分离产生气窝，将注射器针头朝鸡只背部方向，以小于 30 度角刺入皮下气窝。注意操作时不要刺穿对侧皮肤，以免疫苗注入到体外，也不要刺入肌肉。

肌内注射法一般选择胸部肌内注射，也有的选择腿肌注射，因乌骨鸡腿部大血管和神经比较多，一般不用腿肌注射，常用胸肌注射法。操作时针头与胸骨或腿骨大致平行，呈 30 度将疫苗注入胸部肌肉或腿部肌肉内。胸部肌肉注射时注意不要将针头垂直刺入肌肉，避免伤及内脏，导致鸡只死亡。肌内注射法常用于新城疫Ⅰ系苗、新城疫灭活苗、禽流感灭活苗等疫苗的接种。

一般在鸡只 2 周龄之前推荐使用颈部皮下注射免疫，2 周龄到育成阶段使用胸部皮下注射。产蛋阶段优先采用胸部皮下注射，其次可选择颈部皮下注射，紧急免疫接种时可采用胸部肌内注射法。

4. 饮水免疫法

饮水免疫法是将疫苗进行充分混匀后用生理盐水进行稀释供鸡只饮用的一种免疫方法，此法省时省力，操作简便。饮水免疫法不适用于油佐剂灭活苗的免疫，但适用于弱毒苗的免疫，常用于新城疫Ⅱ系、Ⅳ系弱毒苗、传染性支气管炎 H120 弱毒苗、新城疫-传染性支气管炎二联弱毒苗等疫苗的免疫。饮水免疫要保证水的质量，一般用蒸馏水、凉开水或干净的深井水对疫苗进行稀释，不能用热开水或自来水，防止疫苗失活。

在进行饮水免疫时要先根据疫苗使用说明书计算出鸡群所需要的疫苗用量，再进行稀释，供鸡只自由饮用，以确保鸡只都能获得足够剂量的疫苗。饮水量因鸡的日龄和季节不同而有所差异，一般2周龄以内的鸡只最大饮水量为 5～10 毫升，半月到 1 月龄最大饮水量为 10～20 毫升，1～2 月龄最大饮水量为 20～30 毫升，2～4月龄最大饮水量为 30～40 毫升，4 月龄以上最大饮水量为 40～45毫升。在进行饮水免疫时要对鸡群停水一段时间，超过 30℃停水1～3 小时，低于 30℃，停水 3～4 小时。同时停止饲喂饲料，免疫前停食 1 小时，免疫后 2～3 小时再喂料。在饮水免疫前后 3～4 天需要停用药物，不过可在水中适当添加多种维生素。含有疫苗的饮水需在 1～2 小时内饮完。饮水免疫法具有操作简单，不需要逐只进行接种因而省时、省力，并且对鸡群造成的应激反应小等优点，适用于规模化的乌骨鸡养殖场，缺点是因每只鸡饮用的水量不同，导致进入鸡体的疫苗剂量也有不同，鸡只抗体水平不均匀，产生免疫保护效果不均匀，免疫持续期比较短。

5. 气雾免疫

气雾免疫是将疫苗进行适当稀释后通过专门的免疫设备，使疫苗形成一定大小的雾化粒子，悬浮于鸡舍空气中，在鸡只进行呼吸的时候疫苗随之进入鸡体呼吸道，即可产生全身性的免疫保护作用。气雾免疫的优点是便捷，省时、省力，疫苗不经过消化系统，避免了消化酶对疫苗的破坏作用，提高了疫苗的利用度。同时产生免疫力快，免疫后可取得较均匀的免疫效果。缺点是对操作技术有要求，需要特定的喷雾设备，并且容易诱发慢性呼吸道疾病。气雾免疫对一些具有呼吸道亲嗜性的疫苗免疫效果比较好，像鸡新城疫、传染性支气管炎的弱毒疫苗免疫都可采用气雾免疫法。

气雾免疫要注意鸡群的免疫日龄，日龄太小的鸡群不宜做气雾免疫，易引起呼吸道症状。一般用于 45 日龄以上的鸡群。气雾免疫对鸡场环境有要求，一般要求环境温度在 15℃～25℃，温度过高，雾滴容易蒸发，温度太低，鸡只容易着凉。相对湿度一般要求在 70%以上，湿度太低，鸡舍空气干燥，雾滴容易蒸发，达不到免疫效果，需要在鸡舍喷水保证湿度。

二、疫苗使用注意事项

乌骨鸡疾病的预防，除了采取综合性的管理措施外，疫苗在乌骨鸡疾病的防控方面也起了很大的作用，通过疫苗免疫可以提高鸡体对疾病的抵抗力、预防疫病的发生和流行，不过在疫苗的免疫接种实际使用操作过程中，由于许多养殖场工作人员对疫苗缺乏正确的认识，不能正确选择或使用疫苗，导致免疫失败，即有时候明明进行了免疫却还是不能预防疾病，甚至是不进行免疫还好，进行了免疫的鸡群反而发病，造成巨大的经济损失，因此在疫苗使用过程中要注意以下事项。

1. 疫苗的选择

禽用疫苗种类众多，如何正确选择疫苗关系到养殖场疫病的防控效果。如果疫苗选择不当可能不但不能预防疾病，还会影响鸡只健康，甚至可能引入疾病。所以应根据自身养殖场的具体情况和当地疫病流行状况使用疫苗。通常只有当地流行或可能流行某种疾病，并可能威胁到本养殖场时，才需要进行该疫苗的接种。从未发生过某种疾病的地区不应轻率地引入该疫苗的强毒苗，以免引入新的疾病。

有些疾病的疫苗有强毒苗弱毒苗，通常初次免疫应选择弱毒苗，而加强免疫则可选毒力较强疫苗，例如新城疫，初免可用新城疫Ⅱ系、Ⅳ系疫苗，加强免疫可用Ⅰ系苗。

2. 疫苗使用前的注意事项

在使用疫苗进行免疫接种前要根据当地疾病流行情况、养殖场鸡群的日龄和母源抗体水平来制定合理的免疫程序。并且要全面了解鸡群的健康情况，在患病期间不能给鸡只接种疫苗。在疫苗接种前3天，不能对鸡舍使用消毒剂，避免对鸡群使用抗生素类或抗病毒类药物，以免影响鸡群的免疫效果，同时为减少免疫对鸡群造成应激，可在饮水中适量添加电解多维、延胡索酸等。

要购买正规厂家生产的疫苗，并注意疫苗的有效期，不要购买过期失效的疫苗。购买的疫苗在运输和保存过程中一定要冷藏、避免日光暴晒。买回的疫苗如果是冻干活疫苗，短时间可在2℃～8℃低温保存，如果要长时间保存则需要冷冻。油乳剂灭活苗不能冷冻保存，一般可以室温避光保存。

3. 疫苗的正确使用

在疫苗的使用过程中要严格按照说明书进行使用，使用剂量要准确，疫苗接种途径要正确，疫苗接种部位要准确，滴鼻免疫时滴管不要直接接触鼻孔，疫苗滴后应停1～2秒后再放鸡，确保药液被吸入。接种器具要事先清洁、消毒或使用一次性注射用具。对疫苗进行稀释时要尽量使用疫苗专用稀释液，并准确计算稀释倍数，稀释完的疫苗要尽快用完，不应长时间放置后再使用。疫苗使用前要将其摇匀，在秋冬季天气较冷时一定要对疫苗进行预温。

4. 疫苗使用后的注意事项

从给鸡群使用疫苗进行免疫，到鸡体产生对疾病的免疫力需要一段时间，通常活疫苗一周左右，灭活苗半个月。因此在对鸡群进行免疫后要注意给鸡只提供全价营养的日粮，保证日粮中蛋白质、维生素等的供应，促进抗体的产生。其次是要加强对鸡只的饲养管理，尽量减少对鸡群的应激。活疫苗免疫5天之内可在饲料或饮水中适当添加黄芪多糖等可以增强免疫力的药物，同时注意不要使用抗菌或抗病毒药。疫苗接种用过的器具、疫苗瓶等都要严格消毒并深埋，不要随便放置，避免活毒疫苗扩散，危害鸡群。

三、常用的免疫程序

虽然乌骨鸡的细菌性疾病可用一些抗菌药物进行防治，但是病毒性疾病尚无有效药物可以治疗，而且长期大量使用抗生素容易引发细菌耐药性和肉蛋产品药物残留等问题，而对鸡只进行免疫接种是有效预防和控制乌骨鸡疫病的有效途径，科学合理的免疫程序有助于减少疾病的发生，保证鸡群健康。

制定免疫程序受多种因素的影响，如疫苗的接种时机、疫苗的类型、接种次数和免疫途径等。由于现在养殖场病原种类众多，许多疫病传播快，不可能对所有疫病都进行免疫接种，而且有时候即使进行了免疫接种也不一定能达到理想的预防效果。因此制定科学合理的免疫程序显得非常重要。一个合理的免疫程序首先是要考虑鸡场鸡只的状态，只有健康鸡群，才能对疫苗产生抗体，在鸡群体弱或者处于疾病状态下进行免疫效果较差，特别是当鸡群患有对鸡体免疫具有抑制的疾病如鸡白血病、传染性法氏囊病时，鸡只的免疫系统受损，即使接种疫苗，也不能产生有效水平的抗体。其次是要根据当地疫病的流行情况以及饲养环境，有针对性地进行疫苗接种。对于那些本地区从没出现过的传染病可以不进行免疫接种，而对于那些危害严重、之前从没出现过，现在才开始发生的疫病必须进行免疫接种，而对那些经常发生且危害严重的疫病则要进行重点预防，如禽流感、鸡新城疫、传染性法氏囊病等疾病。再次是要根据所要免疫疫苗的特点，来使用疫苗。如疫苗毒力的强弱、使用疫苗为活疫苗或者灭活苗等。一般是在乌骨鸡幼龄期初次免疫时，常使用弱毒苗，而在鸡群月龄较大进行加强免疫时可以选择毒力较强的疫苗进行接种，如鸡新城疫，初免可用毒力较弱的Ⅳ系苗，而在加强免疫时可以选择毒力较强的Ⅰ系苗。同时在进行疫苗免疫接种时可以考虑灭活苗和弱毒苗配合使用。

1. 商品乌骨鸡常用的免疫程序

商品乌骨鸡的饲养周期为 90～110 天，平均体重在 1000 克，在这个阶段可以考虑使用以下免疫程序：

参考免疫程序一：

1 日龄雏鸡，可用马立克疫苗（HVT）进行免疫，方法采用颈部皮下注射；

6～7 日龄雏鸡，可以用新城疫（Ⅳ系）-传染性支气管炎（H120）二联苗进行免疫，方法采用点眼滴鼻法；

14～15 日龄雏鸡，可以用传染性法氏囊弱毒苗进行免疫，方法采用饮水免疫；

21～22 日龄采用传染性法氏囊弱毒苗进行二免，方法采用饮水免疫；

28～30 日龄可以用新城疫（Ⅳ系）-传染性支气管炎（H120）二联苗进行二免，方法采用饮水免疫；

37～40 日龄进行禽流感免疫，方法为肌内注射。

参考免疫程序二：

1 日龄雏鸡，颈部皮下注射马立克疫苗（HVT）；

6～7 日龄雏鸡，用传染性法氏囊弱毒苗进行饮水免疫；

12～15 日龄用新城疫（Ⅳ系）-传染性支气管炎（H120）二联苗点眼滴鼻；

28～30 日龄用传染性法氏囊弱毒苗进行饮水免疫；

42～45 日龄用新城疫（Ⅳ系）-传染性支气管炎（H120）二联苗饮水免疫。

夏秋季节，考虑到可能发生鸡痘，可以使用鸡痘鹌鹑化弱毒苗进行刺种免疫。

2. 种乌骨鸡常用的免疫程序

参考免疫程序一：

1 日龄：颈部皮下注射马立克疫苗（HVT）；

7～8 日龄：使用新城疫（Ⅳ系）-传染性支气管炎（H120）二联苗进行滴鼻点眼；

14～15 日龄：传染性法氏囊弱毒苗进行饮水免疫；

21～22 日龄：鸡痘苗刺种；

28～30 日龄：传染性法氏囊弱毒苗进行饮水免疫；

42 日龄：禽流感疫苗肌内注射免疫；

60日龄：新城疫Ⅰ系苗肌内注射加强免疫一次；

80日龄：禽流感疫苗肌内注射加强免疫一次；

120日龄：传染性支气管炎疫苗（H52）饮水免疫；

280日龄：传染性法氏囊油佐剂灭活苗肌内注射免疫。

参考免疫程序二：

1日龄：颈部皮下注射马立克双价疫苗；

7～8日龄：新城疫Ⅳ系苗进行点眼滴鼻；

14日龄：传染性支气管炎疫苗（H120）滴鼻；

21日龄：传染性法氏囊弱毒苗饮水免疫；

28日龄：新城疫Ⅳ系苗进行饮水免疫；

35日龄：传染性法氏囊弱毒苗进行二次饮水免疫；

60日龄：新城疫Ⅰ系苗肌内注射加强免疫一次；

120日龄：传染性支气管炎疫苗（H52）饮水免疫；

280日龄：传染性法氏囊油佐剂灭活苗肌内注射免疫。

免疫程序并不是固定不可变的，养殖场工作人员应根据自身的实际情况，考虑到养殖场的地域、疾病的流行情况、养殖水平的差异等进行选择，也可以根据自身的实际需求进行调整。比如在夏秋季节，有的地区容易患鸡痘，可选择疫苗进行接种，预防鸡痘的发生。商品乌骨鸡一般在21日龄左右或者35日龄用鸡痘鹌鹑化弱毒疫苗进行刺种免疫一次即可，种乌骨鸡可以在产蛋前再进行刺种免疫加强一次。在有传染性喉气管炎或传染性支气管炎发病史的养殖场，可以增加传染性喉气管炎或者传染性支气管炎疫苗的免疫，如果本地区、本养殖场从未发生过传染性喉气管炎或者传染性支气管炎，也可以不做免疫。

第八章　乌骨鸡产品加工及利用

　　乌骨鸡是我国特有的药用珍禽品种，其营养丰富、肉质细嫩、味道鲜美，是人们日常餐桌上的一道美味。近几年来，人们对乌骨鸡营养成分、微量元素等多方面的研究表明，其所含的赖氨酸、缬氨酸等人体所需的 8 种必需氨基酸都高于其他鸡品种，同时，还含有丰富的维生素以及铁、铜、锌、钙、磷等多种微量元素，以及具有抗氧化和清除自由基作用的黑色素。此外，乌骨鸡的生长周期普通较其他品种肉鸡的生长周期长，肌肉中的弹性蛋白、胶原蛋白、呈味核苷酸等含量，较其他品种肉鸡高一些，因此乌骨鸡肉的韧性好，口感更加地道，炖出来的汤更鲜美。

　　乌骨鸡除营养丰富可供食用外，其药用及食疗功效也十分明显。早在宋代的《三因极一病证方论》中就出现了具有治疗作用的"乌鸡煎丸"，并经历代医学改进，研制出了获国家级奖项的"乌鸡白凤丸"。目前，以乌骨鸡为原料开发研制出了具有补虚弱、治劳损、滋阴壮阳等功效的中成药和保健食品，因此人们常常把乌骨鸡作为食疗、食补的重要原料。本书通过查阅资历文献，收集了一些乌骨鸡的食谱，以供参考。

　　由于具有重要的营养和保健作用，乌骨鸡已受到了国内外市场的普遍关注，知名度日益提高，并悄然兴起了一股乌骨鸡热，其市场销量也与日俱增。然而目前城市超市及市场中大多为白条鸡，少见分割乌骨鸡，其深加工食品更是屈指可数，并且已不能满足市场需求，因此乌骨鸡的深加工方面存在着巨大的发展潜力。随着对乌骨鸡开发利用的深入研究，以及加工业的不断发展，以乌骨鸡为主要原料的食谱和药膳等深加工技术将大量开发出来。本书收集了一些投资少、见效快、工艺简单、易于推广应用的加工技术，希望能给读者带来帮助。

一、乌骨鸡肉的初加工

冷冻整鸡：

这类制品加工方法简单，多数肉类加工企业均可生产，相比现宰鸡和冷鲜鸡，冷冻鸡保质期相对较长。

工艺流程：

活鸡→检验检疫→断食→屠宰→净膛→清洗→凉肉→冷冻→冷藏。

操作要点：

这类制品技术要求不高，为保障质量必须要把好原料关。屠宰前的活乌骨鸡必须来自非疫区，经检验检疫合格的鸡只，并要抽样检验抗生素、兽药残留是否达标。

其次要充分放血，放血充分直接影响着乌骨鸡肉品的感官指标，为保证放血充分，放血时长要根据鸡只大小进行调整。

分割肉：

分割肉是对整只鸡按照鸡腿、鸡胸脯、翅根、翅尖、翅中、鸡胗、鸡心、鸡肝等不同部位分别进行分割，后经一系列的冷加工和包装后（复合材料制袋或托盘进行气调包装）的初加工肉，是肉鸡加工行业普遍的初加工手段。分割肉便于存储，方便按需购买，可快捷烹制食用，深受年轻人喜爱。目前，乌骨鸡分割肉可加工成两种类型：冷冻分割肉和冷却分割肉。

冷冻分割肉工艺流程：

原料鸡→屠宰→净膛→清洗→初冷→分割→剔骨→快速冷却→冻结→包装→冷藏。

冷却分割肉工艺流程：

原料鸡→屠宰→净膛→清洗→冷却→装袋（盘）→抽气→充

气→冷藏（0～4℃）。

二、乌骨鸡肉的深加工

1. 乌骨鸡肉制品类

乌骨鸡肉脯

肉脯是用鸡肉烘烤、腌制而成的肉制品，其蛋白质含量高，口感细而不腻，口味香甜。

工艺配方：

大豆分离蛋白、食盐、白糖、胡椒粉、味精。

工艺流程：

乌骨鸡肉→解冻→杂质挑除→搅碎＋配料→加料搅碎→成型→烘干→腌蒸→二次烘干→烘烤→冷却→成品。

操作要点：

鸡肉去骨、去筋膜，取纯肌肉，洗净后用绞肉机搅碎，将配料拌入肉中，搅拌均匀后倒入肉模机，送入蒸烤房 5～6 小时（65℃），将半成品放入空心烘灶，烘熟至出油，冷却切片成型。

乌骨鸡肉松：

肉松是用鸡肉除去水后而制成的肉松制品，其制作简单、味道清香，是一种消费者喜欢的常见小吃。

工艺配方：

鸡胸、腿肌肉、白糖，五香粉、老姜、酱油、盐均适量。

工艺流程：

鸡胸、腿肌肉→整理（去膜和皮）→洗净→加五香粉、姜汁→水煮去浮沫→捣茸→炒松、擦松→微波高火→晾凉。

操作要点：

炒松。将煮好的鸡肉放入干净锅内用微火不停翻炒 1～2 小时，以便把肉块打散。

擦松。在盘内用擦松板将炒好的肉揉搓，把肉丝擦成蓬松的纤维状即可，揉搓时要注意力度适度。

乌骨鸡软罐头

软罐头是一种可在常温下长久贮藏的优质食品。与其他包装相比，软罐头具有使用方便、贮藏时间长、便于销售、成本较低和保持原有食物口味等特点，使用透明材料包装还能让消费者直观地感受到乌骨鸡的色泽、形态，增强其购买欲望。开发乌骨鸡软罐头可为乌骨鸡资源的开发利用，提高其商品价值开辟一条新途径。

工艺流程：

原料→选料→宰杀→腌制→烫漂→卤制→油炸→装袋→真空封口→杀菌→冷却→检验→成品。

工艺配方：

乌骨鸡、食盐、卤制香料（花椒、桂皮、味精、葱结、小茴香、生姜、陈皮、丁香、白胡椒粉）等适量。

操作要点：

选料要求。首先要保证乌骨鸡原料的新鲜、干净、卫生，要选用鲜活或冷冻的符合品种特征的乌骨鸡，最好选择 12～13 周龄，活重达 1.0～1.2 千克，宰杀时要充分放血，烫毛脱毛时间要充裕但要防止损伤皮肤，切除肛门、鸡头等部位，清洗干净后其卫生质量必须符合国标规定要求。

卤制要求。将文火煮后的乌骨鸡堆放码入干净的卤制大缸内，倒入预先熬煮（1 小时）好并凉透的卤水，以浸没乌骨鸡为宜，浸泡时间为 5～6 小时。浸泡时，调味液应保持一定温度，以加快调味汤汁向鸡内部渗透的速度，从而保持产品的质量。

杀菌要求。加工处理要迅速及时，从原料鸡宰杀到杀菌，时间要尽量短，以防微生物污染，加重杀菌负担。杀菌必须严格按照操作规定的时间、温度操作（10～30 分/121℃），在加热前要先加压再加热，同时要注意压力变化（0.16～0.2MPa）。待杀菌锅内温度降到 60℃时，方可缓慢减压。

2. 乌骨鸡调味品类

乌骨鸡枞菌调味酱

乌骨鸡枞菌调味酱是以乌骨鸡肉和鸡枞菌为主要原料的速食食品，乌骨鸡枞菌调味酱酱体香味浓郁、稠度适中、口感细嫩，是一种风味独特的即食食品，按标准化生产后其市场前景非常广阔。

工艺配方：

鸡枞菌浆液、乌骨鸡肉精膏、甜面酱、CMC、鸡精、调味汤汁（食盐、胡椒粉、姜蒜粉、白砂糖、酱油、辣椒、花椒、八角适量，植物油、鸡油、食醋、料酒少许）。

工艺流程：

鸡枞菌→整理→清洗→蒸制→切碎→粉碎→胶体磨细化→备用；

植物油→熬熟→加入香辛料→过滤→加入其余配料和水→煮沸→备用；

乌骨鸡肉精膏、鸡枞菌浆液、甜面酱、调味汤汁→搅拌混匀→煮制→增稠剂→搅拌→停止加热→热灌装→杀菌→成品。

操作要点：

鸡枞菌浆液的制备。挑选新鲜、优质的鸡枞菌整理清洗后，蒸10分钟，放冷、切碎，加入纯净水，加入食盐，捣碎、研磨、匀浆备用。

调味酱成品的制备。将准备好的鸡枞菌浆液、调味汤汁与乌鸡肉精膏和甜面酱混合，加入纯净水，搅拌均匀，文火微沸20分钟，边加热边搅拌，加入适量鸡精，起锅装入玻璃罐中，121℃下杀菌25分钟后冷却至室温。

3. 乌骨鸡保健品类

乌骨鸡肽

乌骨鸡肽是乌骨鸡肉经酶解后产生的小分子肽类化合物，其分子量小、易吸收，具有清除自由基、抗衰老的功能。

工艺配方：

乌骨鸡肉泥、木瓜蛋白酶、风味蛋白酶、复合蛋白酶。

工艺流程：

乌骨鸡宰杀→去头、毛→洗净→肉泥→加水→高压蒸煮→收集可溶性蛋白→酶解→灭酶→浓缩→干燥。

操作要点：

可溶性蛋白收集。乌骨鸡宰杀洗净后，用高速粉碎机或绞肉机制成肉泥，按（1∶1）～（1∶5）的比例加水，用高压锅在100℃～135℃温度下，高压20～120分钟，按此方法共高压提取1～4次，收集可溶性蛋白备用。

酶解时间。木瓜蛋白酶、复合蛋白酶、风味蛋白酶两两组合的复合酶解，加酶量为可溶性蛋白质量的0.05%～5%，两种酶的质量份数比为（10%∶90%）～（90%∶10%），酶解温度40℃～65℃，酶解时间1～8小时。

黑色素提取

乌骨鸡体内的黑色素是区别于普通鸡的重要标志，也是最具价格的差异，黑色素属真黑色素，含有人体必需的多种营养素，可以避免紫外线辐射引起的急慢性疾病，是唯一能保护人体免受辐射伤害的天然内源生物聚合体，能清除自由基，具有抗氧化、抗衰老、提高免疫力的作用。同时还对微量元素具有富集作用，能提高生物生长、发育的能力。提取黑色素是提高乌骨鸡附加值的一种有效途径。

工艺配方：

乌骨鸡、木瓜蛋白酶、风味蛋白酶、氢氧化钠溶液。

工艺流程：

活体→宰杀→清洗→粉碎→胶体磨→均质→双酶水解→灭酶→静置分层→离心去除上清液→粗黑色素→强碱溶液提取分离→黑色素→干燥包装。

操作要点：

根据资料显示，温度控制在 65℃，pH 值为 6.0 时，黑色素提取率最高。

乌骨鸡女性保健面粉

乌骨鸡女性保健面粉是在面粉中添加多种天然食材，在保留了营养成分的基础上，改善精制面粉的不足，增加保健功效，能做到营养与健康兼顾，具有日常保健的功效。

工艺配方：

面粉、乌骨鸡肉、荞麦粉、莲藕、葛仙米、芥蓝、袖珍菇、番薯叶、空心菜、黑芝麻粉、大豆粉、白果仁、红菇、榴莲粉、魔芋精粉、蛤蟆油、南瓜、节节茶、无患子叶、牛筋草、化橘红、刺五加等。

工艺流程：乌骨鸡肉与药材混合→小火煮制→打磨成营养浓浆＋蔬菜浆液＋南瓜白果营养粉→搅拌→烘干→磨粉→过筛。

操作要点：

莲藕去皮切小块，乌骨鸡肉、蛤蟆油、葛仙米洗净，节节茶、无患子叶、牛筋草、化橘红、刺五加用纱布包起，小火煮制 1 小时，冷却至室温后打磨成浆。

芥蓝、袖珍菇、番薯叶、空心菜、红菇洗净后用开水烫熟后捞出冷凉加适量水打磨成浆。

南瓜洗净取果肉切片与白果仁进行烘干处理，冷却后磨粉过一目筛，得南瓜白果营养粉；面粉、荞麦粉过一目筛，与营养浓浆、蔬菜浆液、南瓜白果营养粉及其他剩余成分混合搅拌均匀，烘干后冷却，磨粉过一目筛即可。

灵芝乌鸡口服液

灵芝乌鸡口服液是由乌骨鸡酶解液、灵芝发酵液和其他辅料按配比混合而成，具有调节人体新陈代谢和软化血管的作用，是一种具有较高营养价值和药用价值的保健饮料。

工艺配方：

乌骨鸡酶解液（乌骨鸡宰杀→初处理→切块→水煮→蒸煮→打浆→pH 值→酶解→灭活、过滤→脱色、脱味→备用）、灵芝菌株发酵液（灵芝菌种→活化→一级种子→二级种子→发酵罐→菌丝体→粉碎→去渣→滤液→灭菌→备用）、蔗糖、柠檬酸、β-CD、CMS。

工艺流程：

灵芝发酵液＋乌骨鸡酶解液＋蔗糖＋柠檬酸＋β-CD＋CMS→调配→灭菌→装瓶→成品。

操作要点：

将去头、脚、内脏并洗净的乌骨鸡切块，用 80℃～90℃水去血、杂质和腥味，放入高压锅内（用容器），加水、白酒、白醋、生姜、白糖等，在 0.15MPa 下蒸煮 1.5 小时，冷却除去上层物质后，捣碎成浆，将 pH 值调至 8.0～8.5，加热并恒温至 50℃，分两次加入胰蛋白酶和中性蛋白酶，边加边搅拌，酶解 6～8 小时后加热至 100℃，灭菌、离心、过滤，加入活性炭和 β-CD 取苦味，取滤液。

三、乌骨鸡食疗与药膳

乌骨鸡是我国传统、重要的食疗食补原料，民间有"吃只乌骨鸡，胜过请太医""喝碗乌鸡汤，婆婆变姑娘"等传说，虽然这样的说法可能是夸大其词，但乌骨鸡的食补食疗作用是有医学根据的，传统中医认为："黑色食品可以固本扶正、润肤美容、强壮身体、延年益寿"，明代医学《药典》和《本草纲目》也有乌骨鸡的相关记录。现就有关资料介绍的乌骨鸡食补、食疗方案，摘录如下，以供参考。

1. 乌鸡白凤汤

主料：乌骨鸡（宰杀干净）1 只，白凤尾菇。

调料：枸杞、葱、姜、味精、食盐、香菜。

做法：将宰后脱毛去血清洗干净的乌骨鸡放锅内，加入葱、姜、食盐、枸杞、适量清水，用小火煮至肉烂脱骨，再放入白凤尾菇煮熟，3分钟后起锅，出锅后撒入少许香菜即可食用。

特点：乌鸡白凤汤鲜香味美，含有丰富的蛋白质和微量元素，此汤做法简单，老少皆宜，不仅味道一流，还具有较高的养生保健功效，特别适合孕产妇及哺乳期妇女食用。

2. 乌鸡天麻汤

主料：乌骨鸡、天麻。

调料：老姜、食盐、枸杞、胡椒粉。

做法：将切块洗净后的乌骨鸡汆水后放入砂锅中，放入老姜片、天麻片，大火煮10分钟后，再小火煮1小时，放入枸杞、胡椒粉、食盐调味，炖20分钟后起锅。

特点：乌鸡天麻汤极具营养价值，是民间滋补"秘方"，对气血两虚或产后体虚所引起的头晕目眩、贫血以及低血压等患者有保健作用。

乌骨鸡煲汤还有多种做法，如虫草花乌鸡汤、山药枸杞乌鸡汤、百合乌鸡汤等。虽然乌骨鸡汤具有很好的食疗食补效果，但乌骨鸡的补养与保健效果受很多因素影响，不仅需要考虑自身的身体状况，还需要注意与中草药的配伍作用。因此在选择食补药方前，建议向当地的中医进行咨询，以便更好发挥乌骨鸡的食疗食补作用。

四、乌骨鸡蛋的加工

乌骨鸡鸡蛋蛋黄大、蛋清稠、胆固醇和脂肪含量低、氨基酸和维生素E含量高，较普通饲料鸡蛋相比，含有丰富的钙、铁、锌、锰、碘、硒等微量元素。乌骨鸡蛋与普通鸡蛋间的营养成分存在一定差异，具有广阔的市场开发前景。

1. 无铅乌骨鸡松花蛋

松花蛋是将鲜蛋、石灰、食用碱等材料通过特殊加工而成的蛋制品，是中国的一种传统风味蛋制品，深受消费者喜欢。

工艺配方：

开水、生石灰、纯碱、食盐、茶叶末、硫酸铜、硫酸锌。

工艺流程：

选蛋→洗蛋→料液配制→浸蛋→成熟检查→出缸→洗蛋、晾蛋→包蛋→成品。

2. 卤制乌骨鸡蛋

卤制乌骨鸡蛋在保持其原有营养成分和药用价值的同时，通过卤制工艺，使乌骨鸡蛋药理保健效果更加突出。

工艺配方：

乌骨鸡蛋、人参、枸杞子、淫羊藿、巴戟天、菟丝子、五味子、白术、何首乌、茯苓、食用盐、红糖、味素、黑豆。

工艺流程：

乌骨鸡蛋→蒸熟→去壳→卤制中药→卤制调料→调色→卤泡。

操作要点：

将乌骨鸡蛋放入蒸锅内，在105℃～120℃下蒸煮0.5～1小时，将蒸熟后的鸡蛋去壳，与卤制中药和黑豆等调料一同放入锅中，大火烧开，小火卤泡6～12小时即可。

五、养殖副产品的加工及利用

1. 乌骨鸡酶解血粉

乌骨鸡血粉是以乌骨鸡新鲜血为原料通过喷雾干燥等方法制成的血液制品，含有丰富的蛋白质和铁矿物质，酶解血粉是在此基础上通过酶化处理将血粉中高分子蛋白水解成多肽和小肽，再进行干燥加工制成。

工艺流程：

新鲜乌骨鸡血→预处理→分离→血球→加热→调pH值→木瓜

蛋白酶→恒温→灭酶→脱色→离心→烘干。

操作要点：

鸡血的预处理是否及时是关系血粉加工工艺中的关键步骤。血液收集后将会出现凝固现象，需要收集血液后立即加入柠檬酸钠等抗凝剂，并要充分摇匀。

对血粉水解影响最大的是酶解时间、温度和酶添加量，适宜的酶解参数是酶解的关键因素，但是酶解效果因酶的种类选择不同而存在差异，因此在开始工业化生产前，需要通过大量的实验反复确定适宜的酶解参数，以达到最佳生产效益。

2. 鸡粪的加工综合利用

随着乌骨鸡养殖业的发展，将产生大量的鸡粪，据统计，每只鸡平均产生鲜粪 41.4 千克/年，万羽鸡场的粪便量约为 400 吨/年。乌骨鸡因为肠道较短，粪便中含有大量的未经充分消化吸收的蛋白质、脂肪、矿物质等营养物质，粪便中营养价值含量较高，是有机肥生产的理想原材料，但也含有重金属元素、病原微生物等有毒有害物质。

操作要点：

将鸡粪平铺在地上，加入米糠或麦麸等使其含水量在 50%～60%，泼洒微生物发酵剂，并翻动两三遍与鸡粪搅拌均匀，加过磷酸钙除臭后，堆成高 0.8～1 米、宽 1.5～2 米的长方形物料堆，并在堆顶打孔通气，用塑料布将肥堆覆盖，早晚要揭膜通风一次（1～2 小时），使膜内既通风又避免被太阳直晒，让其发酵 2～3 天后堆翻 1 次，保持堆温在 60℃以下，湿度不超过 30%，7～15 天即可完成发酵。

图书在版编目（ＣＩＰ）数据

乌骨鸡生态养殖 / 李丽立，雷平主编. -- 长沙 ：湖南科学技术出版社，2020.5(2021.8 重印)
（现代生态养殖系列丛书）
ISBN 978-7-5710-0343-2

Ⅰ. ①乌… Ⅱ. ①李… ②雷… Ⅲ. ①乌鸡－饲养管理
Ⅳ. ①S831.8

中国版本图书馆 CIP 数据核字(2019)第 213627 号

现代生态养殖系列丛书
WUGUJI SHENGTAI YANGZHI
乌骨鸡生态养殖

主　　编：李丽立　雷　平
责任编辑：李　丹
出版发行：湖南科学技术出版社
社　　址：长沙市湘雅路 276 号
　　　　　http://www.hnstp.com
印　　刷：长沙市宏发印刷有限公司
　　　　　（印装质量问题请直接与本厂联系）
厂　　址：长沙市开福区捞刀河大星村 343 号
邮　　编：410153
版　　次：2020 年 5 月第 1 版
印　　次：2021 年 8 月第 2 次印刷
开　　本：880mm×1230mm　1/32
印　　张：6.625
字　　数：171000
书　　号：ISBN 978-7-5710-0343-2
定　　价：28.00 元